食譜大全

許嘯天
高劍華 合編

上海國光書店印行

前言

飲食是人類身體中的燃料，一日不飲食，便覺飢渴；三日不飲食，便要生病；七日不飲食，便要餓死。飲食固然是人類生活中最重要的條件，但飲食倘不合法；一樣也要生病，也要致死的！

飲食不但有烹製的方法，美味的秘訣，並且要適合衛生經濟的條件。在生計十分艱難的現在，一切人生日用，都要儉省，飲食當然也不能離開這個原則。

本書先說明消化與營養的原理，以及飲食材料對於營養的功用，再詳述中外食品烹製的方法，飲食材料調製的秘訣，可謂集中西食譜之大成。此外如原料的選擇法，廚房什物的使用法；也都詳述無遺，而且處處合乎衛生經濟的條件。所以本書不但是每一個家庭所必需，且可作女子學校烹飪科的課本。就是一般社會人士，也很切合實用，因為從本書中可以得到不少關於飲食衛生的常識，對於實際生活，是大有裨益的！

烹飪常識

食譜大全目錄

烹飪常識

食譜大全

一　消化與營養的原理

人有一天生命，便不能停止一天飲食；飲料食物，吃到人的肚子裏去，便起消化作用。食物經過了消化以後，纔能起營養作用；身體得到了食物的營養，纔能維持着人的生命。所以飲食是和人的生命有直接關係的，誰都知道。愛惜自己的生命，誰都要有一點飲食的常識。人沒有了飲食的材料，果然要喪失他的生命；但有了飲食的村料，而不知道好好的去利用，好好的去烹調，和好好的去研究，適當的飲食，也一般要喪失生命的。從來說的：「病從口入，禍從口出。」那第一句，便是說不知道研究烹飪方法的大害。在這個册子裏，便是研究如何烹調飲食物；以及如何調節飲食物的方法；以及人的需要飲食，飲食對於人身的營養有如何的功用；在不曾說這種種以前，對於人身上消化飲食物的工具，先得要說一說。

A　消化的生理

人身消化食物的工具，共有兩種：一是齒牙，一是腸胃。前一種可說是消食物的工具；後一種可說是化食物的工具。現在再拿牠分開來說在下面：

(一)齒牙的生理　人都曉得我們有兩副牙齒：第一副有二十個；第二副有三十二個。第一副的第一個牙齒，在我們生後六七個月便發見；第二副的第一個牙齒，在六歲的時候纔發見。三十二個牙齒最後的四個，等到我們差不多長成時，纔在牙齦上長出來。在這個時候，假定我們有了智慧，所以稱爲智齒。每個頜骨裏和每個頜骨的各側，牙齒的數目是一樣的扁平的。前齒喚做門牙；側齒叫做犬齒。因爲這個齒和犬的一般大，其餘的齒叫做臼齒。上下二頜骨各側，最後一個。臼齒就是智齒；但有許多人，智齒是永遠不生長出來的。

人都知道人的生牙齒是爲咀嚼用的；咀嚼的工作是與消化有極大的關係。我們把食物送進嘴裏去，倘然不經過嚼碎而囫圇吞下肚去，便要鬧腸胃病；這鬧腸胃病的結果，重則送命，輕則成病。這齒牙與保衛生命上既有偌大的關係，那末我們須要好好的去保護這副牙齒，是衛生上最重要的一件事體了。牙齒外面原是有一層釉質遮着的，這釉質裏是沒有神筋，所以沒有感覺的。釉質裏面的一種，稱爲象牙質，牠不但質地比較鬆軟，且裏面充滿了神經小枝，我們對於牙齒，倘然不是常常去清潔牠，那沒牙齒上積着汚穢，汚穢裏生出微生物來，微生物能排洩出酸質來，使牙齒的釉部，漸漸溶化，裏面的象牙質露了出來，微生物再去溶化這象牙質，小神經受了腐爛的痛苦，使發生了劇烈的牙痛。牙痛雖在一點，但因爲神經相連的關係，使全部頷骨，都感到疼痛。疼痛的日子一久，那牙齒便全部毀壞，漸漸又從一粒病牙，傳染到全部牙齒都毀壞了，失去了牠咀嚼的功用。所以對於牙齒不求清潔，實在是一件十分危險的事。

(二)口腔的生理　口腔是包括從嘴唇到舌根的全部組織說的，牠可以說是消化器的第一組機構。口腔的最前部，當然是唇頰部，生長在唇的左右上唇裏面是上頷，下唇裏面是下頷。從唇的內部起，直到兩頷的內部，全是紅色的粘膜遮蓋着，上下頷是用頷骨做着基礎，牙齒便生長在頷骨的中間一條槽裏，每一個齒的上半身，都露出在骨槽外面的稱爲齒冠；嵌在頷骨裏面的下半身稱爲齒根。外面有牙牀骨包住着齒根，這部位稱爲齒齦。齒冠上有琺瑯質遮蓋着；齒根上有白堊質遮蓋着。每一齒的裏面，分佈着血管和神經；牠是從齒根上的小管子傳佈進去的。又接着上頷裏面覆在舌上的一個穹窿形的骨，是稱爲腭；腭又可分爲兩部：在前部有骨的地方稱爲硬腭；後部沒有骨的地方稱爲軟腭。接着軟腭再進去近咽喉口上面正中的一個小舌，在空中掛着的稱爲懸舌。懸舌的兩傍肌肉裏面有兩支小腺，稱爲扁桃腺。下頷的裏面稱爲腔底。舌頭便從這口腔底後部生出根來。舌的下面肌肉裏面，分佈着兩條青色的腺，稱爲舌下腺。又在下頷骨的下面，有一對腺體，稱爲頷下腺。耳的下部前面也有一對腺，稱爲耳下腺。這三對腺，都是不停的分泌唾液，去潤濕口腔，以及幫助消化。唾液拌和着食物送下胃裏去，那唾液的功用能將食物中的小粉質化成糖質，便容易消化了。

（三）食道　食道又稱食管，也稱胃管。進咽喉的裏面便是食道範圍，咽喉四周的肌肉有收縮的作用，所以食物一進食道後，肌肉便起收縮作用，將食物壓進食道去。食道全部長約三公寸，在氣管的後面，向下直穿過，左右兩肺葉的中間和心臟的後面，又穿過橫膈膜和胃的上口相接連，食物經過咽喉以後，順着食道下去，直送胃裏。

（四）胃　胃是一個橫在肚裏的袋子，安置在橫膈膜下面，上下有兩個口，上口便是接受食物的稱爲賁門，下口是直通大小腸的稱爲幽門。胃的內壁全體有縐紋，食物進胃以後，在胃內暫存，這時胃的內壁上原有無數的腺口裏分泌出一種胃液來，這胃液混和在食物裏面，將食物中的蛋白質消化，連唾液所消化成的糖質，一齊由胃壁吸收進去，此外的食物，便變成了糜粥樣子，從幽門口流出，流入了小腸。幽門口是由括約筋組織成的；當食物未曾溶化成糜粥的時候，那幽門是緊閉着的，待到食物全部溶解以後，那幽門便開放，將溶化送入小腸。

（五）腸　腸是一種極長的軟管盤轉着，安放在肚子裏；那緊接着胃部的，比較狹小，稱爲小腸。這小腸的長度，佔腸的全部五分之四，牠直接着胃的一部分，長度等於十二個手指並列着一般的，稱爲十二指腸，如馬蹄鐵一般的彎曲着，所有肝臟胰臟的導管，都和十二指腸接通。接連着小腸的便是大腸；大腸的起點，便在腹的右下部，一頭是不通的，稱爲盲腸；小腸的末端，是在盲腸傍開口的。盲腸的一端，有一條小空管，稱爲蚓突，那盲端的下面，便是結腸，從肚子的右面再順着上去，橫過了胃的下面，再從肚子的左邊順着下去，到臀部相近，這一條便是直腸。胃中的食物，在十二指腸裏面和從肝臟胰臟中分泌出來的液汁混和着，又在腸壁裏面，同時也分泌出一種腸液來，彼此混和，把小粉化成糖質、把蛋白質化成消化蛋白質，又把脂肪化成爲乳狀的液體，一齊被腸壁上的絨毛所吸收進去，其餘不能消化的質料，便送進大腸去，將水分吸乾，成爲糞質，從肛門口排洩出去。

(六)肝臟　肝臟是一種腺體，在膈膜的下面，占據着腹腔的右面上部，共有左右兩葉，不停的分泌着一種黃綠的消化液，有苦味，又稱爲膽液，這種液體，完全儲藏在右面肝葉下面的膽囊裏面，有一支輸膽管接通十二指腸，胆液便從這一支管裏流進到腸裏去，能使食物中的脂肪質，化爲乳劑，又有防止食物腐爛的力量。

（七）胰臟　胰臟是生在十二指腸的彎裏面的。分泌着胰液，有一支輸液管，和輸膽管相接通，膽液和胰液混和着，流進腸子裏去。胰液是沒有顏色的：但有鹻性，能把小粉質溶化成糖質，又能將蛋白質溶化成消化蛋白質，亦能將脂肪溶成乳劑，一切唾液，胃液，膽液，所不能消化的物質，胰液都能將牠消化乾淨的。

B　營養的原理

我們每天工作着，消費精神氣力，不致將精神氣力用完的原因，這完全是靠每天有食物在那裏補充新材料的一種作用。因爲我們每天吃的食物裏面，都含有種種的營養原素：主要的原素，便是水，鹽，蛋白質，炭水化物，和脂肪等，這五種統稱爲營養素。這種營養素在我們每日所進的食物裏面，都包含着。——祇成分有多少的不同——現在再將這五種營養素，分別說在下面：（一）水　人的身體十分之八九是水分造成功的，所以我們每日的食料裏，水分也佔據了大部分，水的作用不但可以營養身體，且有將人身體中的廢物排除到身體以外去的功用，更有調節體溫的作用。例如牠利用蒸氣的狀態，將水分從肺部的呼吸裏及皮膚的毛孔裏送出去，將身體內的餘熱，都從水分裏散去。（二）鹽鹽類，是造成人體內骨質等的重要元素。人身中所需要的鹽，是從鐵鈣鎂鈉以及和炭酸燐酸綠素等化合着所生成的；牠除製造骨質外，又是合成各種消化液的元素，人每日所食鹽的分量，倘然缺少，那骨力便不强，消化力也不健全。倘然食鹽過多，牠便將餘剩的鹽質，從大小便裏排出。（三）蛋白質　蛋白質在人身營養功用上，是最大的。人身上一切內臟的質地，都是由蛋白質所化成•；平日要健全內臟，也要不停的進富於蛋白質的食料。我們所吃的肉類鷄蛋乳汁等食料裏面，所含的蛋白質成分最是豐富，在蔬菜中的大豆，含蛋白質的成分和肉類相等的。穀類蔬菜類裏面，所含的蛋白質成分略少一點。

(四)炭水化物　炭水化物，是由炭氫氧三種原素化合成功的。含有此種原素的食物，便是葡萄糖，乳糖，蔗糖等，以及澱粉纖維素等。此外如穀類等植物性食物裏面都有的。

(五)脂肪　脂肪的本質，也是由炭氫氧三種原素造成的。在動物性食物裏面，比植物性食物裏面更是含有多量的脂肪。脂肪在人身內的功用，牠除與蛋白質炭水化物混合而造成人體的各種組織以外，又特別有保持體溫，以及指揮運動等功用。所以我們每日的食料中，脂肪質是不能缺少的。——但不能多吃，多吃了脂肪，使人身體肥胖，反不

能運動。現在再把這種營養素的調濟方法，分說在下面

(一)人每日需要的營養素　每日所需要的營養素，是和我們每日所進的食物，是有密切關係的；我們每日所需要的飲食材料中，最大成分是水；最少成分是鹽；這是人人知道的。此外蛋白質炭水化物及脂肪三種，每日亦須有一定的標準；從食物中補充到身體裏去，大概是中等壯年人，每日操中等勞動的，每日的食料中須給與有蛋白質一百十八公分，脂肪五十六公分，炭水化物五百公分最是適當；但須注意腸胃弱的人，不能多進脂肪食物。有糖尿病的人，不能多進含有澱粉質的食物。

(二)動物性食物與植物性食物的區分　動物性食物，便是肉類，魚介類，蛋與乳類等。是一切食料的主體。植物性食物，便是穀類，根類，蔬菜類果實類等，這兩種食物裏，都含有上面所說的五種營養原

素，祇是成分多少，各有不同。例如動物性食物裏面是多含有脂肪及蛋白質•，少含有炭水化物。植物性食物裏面却多含有炭水化物，而少含有脂肪及蛋白二質。又動物性食物中的蛋白質，比較到植物性食物中的蛋白質容易消化•，而植物性的脂肪質，反比動物性的脂肪質容易消化。最好我們每日進食，須將動植物兩性的食物混合着吃，纔能得到調濟營養的功勞。

（三）須注意食物中附帶的病毒　從來說的，病從口入，我們人身中一切病毒，大都是由食物中附帶着進來的。食物粗惡或是堅硬，不容易消化的，雖不致有毒，但也容易成病。一切腸胃病都由於吃了不容易消化的食物而起的。或是吃了質地已起腐爛變化的食物，腐爛的細菌，跟着到腸胃裏去，連帶腸胃也腐爛起來。有一種食物牠的質地，並沒有變壞•，可是食物裏面却含有毒質，毒質在裏面的，如毒菌河豚魚等。毒質是外面附生着的，如小麥的麥角等。我們須格外注意的，便是傳染病毒，及寄生蟲兩種，這兩種••大概是從動物性食物中附帶進來的，進食動物性食物時，更當注意。

二 飲食常識

A 飲食與人生的關係

食物二字，聽去好像很容易對付•，普通人以爲三餐六頓肚子吃飽，還有什麼問題呢？殊不知問題却是很大的•，因爲整個的人生，要拿食物爲維持生命的基礎的。食物不良，身體就不健康•，身體不健康，作事便沒有興趣，對於各種的事業就沒有創造精神，和堅强的意志，成爲一個沒有用場的米蛀蟲。這種米蛀蟲，小一點的說，害家族害子孫；大一點的說，連累社會國家和全人類，白白地食物材料消費了，却一點也得不到他生產的效果。人生一日不死，便須活動一日；那所以能夠活動的原因，全靠人身體內全部機關的活潑靈動，把每日的食物吸收進去，有用的材料去補助各種機關組織；把沒用的排成尿，汗，糞穢，和肺部裏呼出來的炭氣，形成一個健康的人體。所以要得快樂而健康的身體，第一要吃那有滋養的東西。

這裏我要特別聲明的，世界上許多美味的食物，不是一定有滋養的；那些滋味平淡，或者價錢很賤的東西，到或許有很多的滋養料的。總之，我們千萬不要拿傳統頭腦去揀選食物材料：要用科學方法去分析食物材料，家庭裏的主婦，公共食堂的管理員，對於食物的常識，是十分重要的。

(一)人體之成分　人的身體，究竟拿什麼原料構造起來的？那組織人體的成分不外乎水，蛋白質，脂肪，炭水化物，——又稱含水炭素——和鑛物，等五種。現在我把這五種物質的作用，詳細的說明在下面：

水　水是包含水素——又稱輕氣——酸素——又稱養素——等，兩種質素而成功的，在人身體內，佔據最多的分量十分之七八，都是水分。例如血液和各種腺分泌液，和預備排洩的尿汗液等，都含有多量的水分。你若問牠有多大用處，牠能夠分化食物變成液體，把液體輸送到人體各部組織內去做消耗作用；又會把各部內用過的渣滓，變成液體如尿，汗，等排洩到身體外面來，牠在人的身體內終日奔波忙碌，牠的工作是又辛苦又重要。

蛋白質　蛋白質是包含着窒素——又稱淡氣——

水素，酸素，炭素，及硫素，五種質素而成的。在人體各部組織裏，雖比不上水分的多，但是他的重要性，却要占內部組織的第二把交椅。牠常常去補充人體內部機關的消耗作用，牠的酸化性又會幫助內部生長體力和體溫。假使有一位病人的身體沒有復原時候，和女人正在十月懷胎的時期中，我們千萬要把蛋白質多多的供給他們；因爲蛋白質是她們的生命中的救兵。

脂肪　脂肪是水素酸素炭素三種質素混合而成的。牠的性質很刁滑；牠專喜歡躲在胖子身上，那骨瘦如柴的人，無論如何歡迎牠，牠是不肯光顧的。牠又喜歡親近女子而嫌惡男子；牠在人體的總重量中，約占十分之二，少的止有十分之一。牠的能幹和蛋白質差不多，牠會把自己的酸化作用，去增長人身的體溫和活動力。

炭水化物是水素酸素炭素三種質素的混合質素。牠的種類很多，普通留在人體內的有葡萄糖，和肝澱粉，有乳的人，乳汁裏邊帶點乳糖。炭水化物在人體中，是一位落伍的朋友；因爲炭水化物一跑進人體內部，意志很不堅强，牠一部去投降了脂肪，一部分又投降了酸化作用，去做幫助增長體溫與體力的工作。你說要在人體內找出純粹的炭水化物，那是碰不見這位仁兄的。

鑛物質　鑛物質是說人體內部經過燃燒作用後，各種質素遺留下來的渣滓。——又稱灰分——這灰分裏面雖說各種鑛質都有；但是少得不得了。骨骼中比較得多些，大約有百分之二十二。那些鑛質的種類，大概是：鈣，鎂，鉀，鈉，鐵燐酸鹽素等：牠們好比是打牆頭砌牆脚一般，人的內部組織，也全靠牠們做根基；人的活動力量，也全靠他們在那裏做後援。人生從孩子到成人，內部機關所以能長大，也全靠牠們幫助成功的。

以上五種質素，各有各的才能，在人體各部組織和全體的構造上，各擔各的責任，缺一不可，多一無用。從此，我們就可以明白人生全部所需要的是這些材料，天天在那裏活動和消耗的也是這種材料，我們祗要市場上去找尋這些材料來補充每個人每天的活動消耗，那便能得到一個健康而快樂的身體了。

（二）食物之成分　人體是用什麼成分造成功的，上面已說過了。既然知道了人體構造的成分，我們便應當研究怎樣去補充人體內天天消耗去的材料，這種成分在那幾種食物裏最多？於是我們不能不去研究食物的性質和成分了。我上面不是已經說過，人身全部水分要佔據十之七八，讓我們先來想想，什麼食物裏是水分最多？　水　在各種食品裏，如蔬菜裏，菓子和魚類和獸類的肉裏，米麥裏，這些都含有多量水分的，人們在食物的時候，喜歡喝湯；閒空的時候，又喜歡喝茶；這樣說來，祇要這幾樣食物和飲料不缺乏時，供給人體內部的水分，是儘夠不用特別去研究牠了。

蛋白質　也是人體構造成功的第二元素。普通如鳥獸的肉裏，魚和各種貝殼類的食物裏，人乳和牛乳裏，都富有蛋白質的。各種蛋裏面，不用說是蛋白質更多。其餘如豆類，和嫩的野菜裏，也是很多，不過肉類的蛋白質，比菜類的蛋白質來得多，而吃了又有效力；菜類的蛋白質比較的稀薄，而效力輕；但是你要說植物完全缺乏蛋白質，是沒有這個話的。

脂肪　普通富於脂肪的食品，如鳥獸魚三種動物的肉，和乳汁鳥卵，大豆，胡桃，胡麻，可可，落花生，等都是富有脂肪的食品，倘這幾種脂肪還不夠，還可以拿猪油，牛油，素的如菜油，蔴油，等油來添補。因爲脂肪，也是人體構造中的主要因素，所以平常食用，不可一天缺乏的。

炭水化物　這類質素的供給，不得不請教植物裏富有澱粉質的東西了。富於澱粉質的東西，如葡萄糖，蔗糖等：又如米，麥，豆，菜根，甘藷，馬鈴薯，芋艿等，牠們都是含着大量的澱粉質的。

纖維素　植物中的纖維素，常常和炭水化物混在一塊的，人體內部，有時亦有用得着纖維素的；但是纖維素太多，反而妨礙消化器。老的菜類裏，纖維素比較的多；嫩的菜類，比較的少；所以我們買食物和整理食物的時候，要注意不可把纖維素帶得太多，然而也不可沒有。纖維素太多了妨礙消化器；太缺乏了排洩起來不容易。

鑛物質　食物中還有一種鑛物質素，眼睛所看不見的。每種植物裏面，都包含少許，祇要常吃蔬菜，這種質素在人體內不會缺乏，也不用特別選擇和注意。不過鹽裏，鑛質比較的多；所以人在身體發長的時期裏，特別愛吃鹽味，因爲要補助身體各部組織發長的原故，也因在是需要鑛物質特別多的原故。

以上六種質素，來供給身體上最重要的，要算蛋白質，脂肪，炭水化物，三種。牠們三者在人體內，都有分化作用，和酸化性，結果是增長體力，幫助體溫。而其最重要性，還要算炭水化物，生體溫和體力之外，多出來的，化爲脂肪，儲蓄在身體裏面，遇到炭水化物缺乏時，便用脂肪來代替。蛋白質也有像炭水化物一樣的功用，也常常分化了幫助體溫和體力的增長，在炭水化物和脂肪充足的時候，牠不生問題，遇到炭水化物和脂肪不足的人，那就委曲了蛋白質，牠在身體內不得不加倍工作，做牠的分化作用，獨自一個，要行使三個人的職權，既辛苦又缺乏，結果弄得人面黃肌瘦，柔弱不堪。從這樣說來，我們知道蛋白質對於人類的重要，我們應當設法在每天的食物中，多多的供給一些纔好，因爲別人缺乏了，牠會代替工作；牠自身缺乏了，別人卻不能代替牠的職司；人身到缺乏蛋白質的時候，豈不糟糕了嗎？現在我把一個營養標準的表，列在下面：

營養標準		蛋白質物	脂肪	炭水化物
中等勞動者	男	一〇〇·克	二〇·克	四八〇·克
	女	七七·	一六·	三八四·
劇動者	男	一二三·	三三·	五〇〇·
安逸者	男	八五·	二〇·	三八五·

右面的營養表，是一位日本帝國大學名譽教師恒略男，就他們日本人的體格，推定這三樣主要成分的營養規則；但也不可死扳不動的，要

看天氣的寒暖而常常變換的。譬如脂肪是增加體溫與體力的，冬天宜多吃，夏天宜少吃。在地理上講，寒帶的人宜多吃，熱帶的人宜少吃。

（三）消化及吸收　人身構造原素，我們知道了。食物的如何供給人身的需要，我們也知道了。現在我們還要知道拿食物去供給了人們，如何的消化和吸收？普通的食物，那營養分大概在上面說過了，食物吃了下去，靠着消化機的作用，和天然的種種消化液起化分作用，慢慢的把食物消化了，通過胃腸裏面所分佈的血管，運行到淋巴管的膜層，被膜層吸收了，便去營養全身。初時，我們把食物放進口裏，先用牙齒咀嚼；咀嚼碎了，自然而然口中會分泌一種亞爾加厘性的鹼性分泌液，把食物軟化吞下，食物中之澱粉，受了亞爾加里腺液的軟化和糖化作用，然後很順利的通進食道，進到胃裏。講到胃，牠是三層筋質所造成的，有伸縮力，牠一經容納食物，便從左到右，慢慢磨動，磨動不息。一面磨動，一面還分泌出一種透明的酸性胃液來，溶化食物中的蛋白質，變爲另一種液汁。——此種液汁稱爲拍布登。——又用胃裏的閒蕩着的鹽酸點子，牠們會來溶化食物裏的燐酸和石灰等的鑛物質，於是把胃裏一切的食物消化得變了灰色的稀粥，這稀粥裏包含着糖分和拍布登，慢慢地通過腸粘膜，摻進了血管和淋巴管去營養全身。又脂肪在胃裏很不容易消化，一到腸裏，却很容易消化了，各種食物從吃下後，進到腸裏大約要一點鐘和兩點鐘的工夫。

現在再說到腸的工作，腸自從接受了食物之後，像蛇一般的不停蠕動着，把食物漸漸地推進十二指腸，這裏牠們在旅行的程途中，牠們得到一種膽分泌液，那是一種黃色半透明而帶有亞爾加里性的液汁，這液汁能溶解脂肪，變成乳狀，使牠滲進腸的內膜，在內膜時受到一種黃色透明的液汁名叫膵液，也帶着亞爾加里性的。膵液的功用，能夠補助唾液所不能溶化的澱粉，替牠溶化了，又再把蛋白質溶化成拍布登汁，又把脂肪解成細粉點，使得各處血管裏容易吸收。

到了這步時候，消化工作漸漸完備，食物中的精華，到處被溶化，被吸收，牠們旅行的程途到了腸的下部，雖有亞爾加里性的腸液在幫助分化，但食物的水分終被各處的吸收作用而吸乾，剩下來的渣滓，既沒精華，又缺水分，結果成爲乾燥的糞穢，排洩到身體外面。這種種人體的構成和消化運動，我們可劃成一個表列在下面，一看便能很明瞭的。

要項

食物之必要……幫助人體內部的機構造成功，補充各部消耗，和活動作用。

人體之成分……水，蛋白質，脂肪，炭水化物，鑛物質，

食物之成分……水，蛋白質、脂肪、炭水化物，鑛物質，纖維素。

消化……化分的作用，和內部機械作用。

消化液……唾液，胃液，膽液，膵液，腸液。

B 飲食的幾個條件

人生的飲食，好像機器的加油和加燃料一般，但是機器是死的，人是活的，看見人有人的嗜好，不能像機器一般容易打發。不過我們要明白，憑你怎樣嗜好，總要不違反衛生條件和生理作用爲第一要義。飲食關係於人生效力，除生長肌肉精血以外，并能生長體溫和活動，人生的

骨肉血液，常常會生出新的廢去舊的，倘然舊的血液，常常停留體中，就會發生毒性，人就要害病了。人的所以健康，全靠有新鮮的血在身體內各部循環流行不息，吸取精華淘去廢物，將廢物在各種排除器管裏排洩到身體以外；一方面又從飲食裏吸取滋養料來補充消耗。體熱的來源，也從食物中的炭酸素，再得着人從口鼻中吸進去的酸素化合，便成炭酸氣。從這炭酸氣化成熱度，使食物便於消化，身體可以發育，現在把平常食品中的成分舉出幾樣來說說。

(一)水　人的身體中含有大部的水分，這可以知道水對於人生需要是如何的密切。人可以多日不得食物，却不能一日無水；在絕食的人，倘然，不斷水的供給，竟可以把他的生命延長到三十多天。倘然祇有乾糧沒有水，一樣要失去生命的。因爲食物的化分，廢料的排洩，全靠水在那裏運轉滋養：一失去了水，各處機能便完全停止了。

（二）鹽　鹽是最複雜的鑛質化合成功的：裏面包含有石灰，鉀，鈉，鎂，鐵，燐酸，硫酸，鹽酸，炭酸，諸鑛物：尤其是石灰鹽，是製造骨骼的主要成分。鐵，是血液構造的主要成分。燐，是腦的主要成分。此外各種礦質，大概都是於身體有益的。

（三）脂肪　脂肪在各種食物中，最不容易消化的：胃的力量不能消化牠，是要用膽汁，膵汁，腸汁，去溶合變化牠，使牠流入血管。脂肪的功用能增加體溫保護氣神經：但不可多吃，多吃了這過剩的脂肪，便留在皮層下面，使身體肥胖，還最容易成腸癰病。

（四）蛋白質　因爲牠的形式和蛋白相同的，所以稱爲蛋白質。牠是構造人生的主要成分，在一切蛋類裏，含的蛋白質最多。此外肉類及乳汁中，也很豐富。植物中，比較得少。牠對於人生的營養上，具有很大的力量，倘然身體衰弱精神缺乏的人，多吃蛋白汁的食物，便可以囘復健康。

（五）糖　麥，甘蔗，蘿蔔等，都是製糖的原料。人的食物中，一日不可缺少糖質，且需要得很多。自然牠能幫助胃的消化，并有增加體熱的功用，且味亦很美。

（六）含水炭酸　含水炭酸，是水素，酸素，炭素，三種質素混合成功。在植物中最豐富尤其是米，竟含有五分之四的含水炭酸。此外如澱粉，葛粉，砂糖，飴麥，乳糖等食物中都是很多。他是製造人身的主要食物。

我們看了上面的各條，便可以知道人的所以要飲食，爲的是人體中的需要；但這需要是有一定限度與一定成分的，我們不可隨意亂吃，也不可吃得太雜。中國人晏客，一席酒，菜往往可以供給一個人一個月的消費。在西洋人每客菜，連湯連水菓不過六件。至於日本人的飲食，更是淡薄而少。這一則可以節省金錢，二則也免得多吃了傷害腸胃。

烹調食物最須注意的，却有四點：一，是清潔；二，是容易消化；三，是新鮮；四，是味美。每日到菜場中買菜，務須新鮮的；又有病的猪羊牛肉，及雞鴨等物，切不可吃。每日三餐着重在午餐。夜餐以少吃爲是。西洋人晚餐在中等人家，總是熱茶一壺，麵包幾片罷了。

進食的時候，須將食物細細咀嚼。西洋人在食時，每愛談笑；平均每餐，必須費去三十分鐘時間。前餐和後餐距離的時間，最少須在六小時以上。因爲食物進入胃部，最速亦須經過四小時；胃部消化工作完畢以後，亦須有相當的休息時間。又在夜深時，不宜進濃厚的食物。

C　飲食的注意點

食物的關係於人身，以上已經很明白的說過；總之，食物的價值，是在能夠補助人身；不是在物質貴賤論，也不是單指美味而論的。既然食物專為營養人身，倘單有了營養物品，而飲食的方法和時間配置得不適當，於人身還是沒有益處的。非但沒有益處，反而有很多的害處。現在我把飲食應該注意的幾點寫在下面：一，多咀嚼；二，飯前不可多喝茶湯；三，飲食應當規定一個標準時間；四，不可吃雜食；五，精神和身體過度疲勞時候不可吃食物；六，進食之後不可馬上用心用力；七，過度的冷和熱的東西不可吃；八，酯濃酒類和刺激物不可吃。此外食品的配置也很值得我們注意我現在詳細寫在下面：

（一）食品的配置　食物須揀選在營養上有價值的食物，因爲每個人的身體，憑著食物的有沒有滋養，表現出身體的健康與不健康；所以選配食物，是一件很重要的工作，我們須知道十分美味的東西，氣味十分香的東西，卻不是一定有滋養的食品；你只要富於蛋白質脂肪含水化物的東西性質雖好，卻不是一定是美味和香的。　注意消化　揀選食物，不要死釘住了揀營養分的充足，卻不顧到胃的消化力如何；有時雖然營養分極充足的食品，或不容易消化，或者烹飪的方法不對，使食物變了性，那時你把這食物吃下肚去，非但無益，反而要害消化不良的病。有時候明明是一個消化力很强的人，卻故意多吃甜爛物品，雖則容易消化，但是日子長久了，胃力退化，也會害病。總之作事貴謹慎，貴適宜不可做過分。　食品的配合　你要配合食品，最少須先要知道人體構製的成分與普通動植物裏所含物質成分，兩者明瞭之後，就可以配置食物，毫不費力。例如我們每餐進食，最不可缺少的是蛋白質，脂肪、含水炭素，糖、鹽、等：又要知道平均每個人每天身體內所耗去的成分是多少？我們應當拿多少滋養料去補充；不可太多，亦不可太少，以適當為度。

食物宜適於嗜好　嗜好，祇要不是違反生理原則的，便不算不良嗜好。每人都有一定的嗜好，你若故意去違反了他的嗜好，配置食品，無論你怎樣配得有滋養；但是胃口不對，吃了下去胃的消化力不踴躍，那是要成胃病的。反過來說，只要不違反生理原則的嗜好，你依了他的嗜好，配置食物，人們一見了自己心愛的食物，胃裏已先在分泌那亞爾加里性的胃液，口中也分泌亞爾加里性的唾液，在那裏等候食物的光臨，倘能再加上環境的安適，妻子的和穆，兒女的美麗，親朋的得意，濟濟一堂，在談笑快樂之中，把心愛的食物，慢慢的吃下去，那時口液胃液互相幫助，得到很順利的消化，生理上也得到了加倍的營養。

食物宜變化　病人容易厭食物，好人何嘗不是那樣；憑你怎樣的山珍海錯，今天吃，明天吃，吃到後來，變成仇敵。所以會得調理食物的人，天天會變花樣，且同是一種菜，會得烹煮的，能夠著手成春，花樣翻新，使人不覺討厭而反添風味，調理食物者，到此地位，纔算出神入化。

考察風俗習慣　吃食物也有風俗和習慣。據中國論，北方多山，山居之人多吃肉，少吃魚，南方多水，水邊的人多愛魚蝦怕肉類油膩；料理食物的人，不可因自己的習慣和嗜好，勉强要别人和自己一樣，非但辦不到，即使辦到，對於别人的健康有害，也是一種不道德的行爲。

因爲食物不對口胃，消化力不强，消化力退縮，久而久之，不是害胃病，便是身體弄得很軟弱。假使因爲物質上的不方便，或者驟然遷移地方，要改換人們的食性時，止可慢慢的移轉，又須烹調得法，使吃的人雖改變食品，而不覺得，久而久之，習慣成自然，既不傷羣衆的情感，又在料理物質上得了方便。

注意經濟　食物雖然要美味，要有滋養；但是也要顧到經濟方面。料理食物，應當養成儉樸的習慣，不要專貪口腹，祗要有相當的滋養和新鮮清潔，又不可貪多，僅僅足夠補充各人的生活力也就好了，多吃食物，等於浪費金錢；金錢多用，多買罪惡；食物多吃，多害腸胃；何苦來呢。

㈡食物鑑别法　食物雖說要顧到經濟；但也不可貪小，不要以爲價錢便宜，買不新鮮的，或儲藏在不清潔的地方的東西。這是第一要注意的。食物太粗，固然纖維質太重，於身體無補；但太精細了，也是不容易消化，和排洩困難，這是物質精粗上應當鑑別清楚的；同是一樣物質，這樣價賤而容易得到；那樣價貴而常常缺乏；而兩樣所含的滋養，是一樣的，那我何必多化金錢，又惹麻煩，這是對於物價上應當鑑別清楚的；新鮮的動植物容易消化；不新鮮的植物儘儘乎煮不爛，不容易消化，而不新鮮的動物，那蛋白質溶解的時候，尤其是有毒，吃食物本來要得滋養，吃不好的肉類，等於吃砒霜，這在物質未買之前，須得要鑑別清楚的。我們能活了多大年紀，當然不能樣樣都能有相當的經驗，要不外步步留心，時時在意，現在憑我個人的經驗，有幾種普通食物，容易鑑別的寫在下面：

獸肉　普通肉類，水分充足，脂肪光滑，肉色分明，有彈性，並無腥氣，這便是最新鮮的好肉；不然水分乾燥，脂肪凝結，肉色紅白不自然，而精肉發黑，嗅之略帶腥味，這便是隔夜肉，雖在冬天，微菌的生長不容易，但是究竟不吃爲是。 鳥類 除雞鴨鴿子之外，別種鳥類，活的多不容易得；但是新從野外打來的，也看得出的，那眼珠光潤，毛羽齊全，眼中沒有眼水流出，嘴的顏色很自然，肛門裏沒有汁液流出來，全身沒有腥味。 魚 要他眼珠光亮突出，鰓兒鮮紅，鱗片不易脫落，全身有光彩，有腥味而沒有臭味，這魚是新鮮的。湖魚可以活捉；海魚都是捉着就死的；好不好全要我們自己鑑別的。 菓菜類 看蔬菜和果子，自然更容易了。蔬菜衹要葉子不黃不乾，菜葉不老，就是好菜；但也不可擇那過於硬朗，綠色過於青翠的菜，那是賣菜的人攙水過的，買囘家來，千煑萬煑不肯爛的了。菓子止要看沒有斑點，沒有爛點，就是了。因爲有許多斑點，大都因裏面有虫窠，被虫窠的酸化作用腐蝕了，外面纔生斑點的；半個爛的果子，你看看那一半還是好好的，但是微生虫牠是很會搬場的，那半個好果子上也許有他們的家族住著，我們的肉眼，是看不見的，所以最好不要貪便宜，與其買半爛的，不如買小一點新鮮的，吃了可以放心了。再生果子和不熟的菜類，兩樣都有害身體，吃不得的。

菌類

吃菌類是有點冒險的。并且據醫生說，牠的味兒儘儘乎是鮮美，滋養素是談不到的。沒有名及不常見的菌類，甯可不去請教，萬不得已要用，不如到南貨鋪去買，那是靠得住的。因爲那些冬菇，蘑菇，香菌，草蘑菇、生產有一定的方法，和地點，牠的來源，有很長久的歷史，物性又普通，用的人又多，要煮好吃的素菜，可以去買點來吃吃。

以上說的是食物的原料，現在又要說到烹調食物的水了。

水

水有軟水硬水的分別。俗稱硬水爲鹽水，軟水爲淡水。硬水煮食物不好吃，軟水煑食物好吃。名爲軟水，卻是軟水裏面有鹼性，煑物容易爛，洗衣服容易乾淨，但是裏面往往含有有機物，吃了有沒有妨礙，又是一個問題。

雨水　你們想想看，天雨水再好沒有了！不知道雨水也有分解性，牠從天上降到地上，經過多少路程，中間遇到過多少異性朋友，在半空裏遊蕩着的微生物，灰塵，空氣中的不良氣體，牠們都把清潔的雨水弄壞了，等得降落地面，牠已經是一種各種性質都有的混合物，要不經過淘漉的工作，馬上拿牠作飲料，那是要上當的。倒是那江湖裏的水，經過一次大雨，把水面上的骯髒衝去，把湖裏的污質也流去，這時的水，可以作飲料，可以洗物件，假使有水缸，可以儲藏一點，到天旱時候可以做喝茶用。你要試驗水的清潔不清潔，祇須將水𠂤在玻璃瓶裏，搖起來看看，水裏有什麼？水色渾不渾？要是仍就鮮明清爽，這是好水。假使渾濁，便要漉過可用。

不大信任的水，只要煮開過五分或十分鐘，也勉强可以用了。最妥當用砂濾法濾過，那是更好。現在我把砂濾的方法寫出在下面：

用圓木桶或缸一只，擱在稍爲高一點的地方，在桶的下部近底處，開一小洞，洞口嵌一段竹管，預備流出濾過的水。管子的外端，用清潔麻布紮縛，要水經麻布袋而流出，格外清潔的意思。桶裏近底第一層，用大小一寸多大的石子，鋪二三層，這是第一重；再鋪小石子和細砂約二三寸，這是第二重；再用骨炭或者木炭鋪約五寸多厚，這是第三重；最上層纔鋪純粹的細砂，約五寸多厚，這樣裝置以後，把水裝入去，經過四重的濾過，流進竹管，再從麻布袋流到外面，另一盛水的器具中，這樣纔算最清潔水。現在我們要注意的就是濾過的砂石炭屑等，常常要拏出來洗滌，洗過後，要在大陽裏曬乾，纔是妥當。桶和缸，也要常常洗淨，以備下次可用。所用的砂，有濱砂和川砂二種，二種都可以隨便用的。

四種濾水物當中，要算骨炭最不容易做；但是容易保存，不容易破碎。木炭就容易破碎了。以上種種，都是料理食物的應有知識，現在我要把處理食物應注意的幾點，列表在下面：

要項
- 飲食之注意……細心咀嚼，時間準確，不吃雜食，食後不可過勞，食品的冷熱要調勻，忌吃刺激物
- 食品之配置……要揀有營養，容易消化，滋養性齊全，順人嗜好，要經濟，要順他的習慣。
- 食品的鑑別……鳥獸，魚肉，野菜，菜根，果蔬類，菌類都要新鮮。
- 飲料水……水類有自來水，硬水，軟水，雨水，的分別。
- 濾過法……裝置法，和濾過以後的器具消毒法。

（三）幫助消化法　餐後四肢疲倦：因爲在進食的時候，血液都集合在胃部，四肢及腦部的血液自然稀少，所以餐後二十分鐘，是例應休息的時間。使身體安靜舒適，不可用心，尤不可用力；和洗澡跑步等，都不可以做的事體。

食物的種類，大概可以分植物性與動物性的兩類。含滋養成分豐富的，便容易消化；滋養成分淡薄的，便不容易消化。現在把主要食物分說在下面：一，乳類。一切動物的乳。牠的成分是水與含水炭素，鹽，脂肪，蛋白質等；對於人生最有滋補的力量。二，卵。各種蛋類，都是富於蛋白質的；蛋黃，又是富於脂肪的。每雞蛋一枚可以抵四十格蘭姆的獸肉，又可以抵一百五十格蘭姆的牛乳。煮雞蛋，最好是煮至半熟。三，肉。一切鳥獸魚類的肉，不但味美，且含有水，脂肪，蛋白質鹽質等，都是十分豐富，最是養身。但牛羊猪鹿等大動物殺死後，必須經過五小時以上纔可烹煮，不然騷腥氣味很重。煑肉要爛，不可把半生不熟的肉吃下肚去。往往肉內含有病虫與病菌，倘不煑熟，就可以妨礙生命。在夏天，宜於少吃肉類。四，海味。是海中食物的總稱。內又可分魚類，貝殼類，及海菜類等。貝殼類如海螺，牡蠣；又有軟體動物如海參。魚類中是魚翅等，尤其是貝殼類中含的蛋白質最多，祇是不容易消化，務須煑爛。五，穀類。最重要的穀類米麥粟黍燕麥等，牠的成分如水，鹽，脂肪，蛋白質，含水炭素，等外，還有木材質。小麥中蛋白質最多，米是最容易消化的，但澱粉太多須與富於蛋白質的肉類同吃。六，豆類。豆的種類，分爲大豆，小豆，蠶豆，碗豆等。豆中含蛋白質最多，滋養的功效最大，但須剝去豆殼，或磨成豆腐。七，蔬菜。菜類中最缺少蛋白質的，但含水炭素與鹽的成分最多。有清潔血液的功用。八，果實。水分最多，更富於鹽分及含水炭酸等，可以增加食慾，幫助消化。最好剝去外皮煑熟進食。九，菌類。菌類味最鮮美，中含有蛋白質。但是不容易消化，又多含有毒質。倘然有白色的液流出，或色彩很美，氣味惡劣，及觸及銀質變色的，都是有毒的證據。十，酒及香料。酒有米酒，麥酒，燒酒，火酒等。米酒性最淡，火酒燒酒性最烈，飲米麥酒少許，可以增加體熱，活動血流，及興奮神經，驅除疾病。又在魚肉中加數滴，可以解除腥氣。倘多飲了，反使胃停滯，神經遲鈍，血管漲裂。香料，是指胡椒，香菜，薑，芥等物，牠的利害，與酒相同。只宜少用。十一，茶與咖啡。茶中含有茶素，咖啡中含有咖啡素。少飲一點，可以幫助消化恢復精神，多飲了，使神經刺激過度，不能安眠。

三　烹調法大綱

A　烹調時的常識

烹調有五個字的祕訣：一色；二香；三味；四質；五量。量，是說對於水分以及味料的配置，須有適當的數量；質，是說一切食物的質地，須選新鮮而優良的；至於色，香，味，三個條件，色是引誘人增進食欲的方法，我們見了有美色美香，以及嘗到有美味的食物時，便有增多唾液流出的功效，多流唾液，也是幫助消化的方法。因爲人的唾液，是有消化食物作用的；多流唾液拌和在食物裏，一同送下胃去，食物當然容易消化了，因爲這個原因，我們在烹調時候，除了注意到質量兩個條件以外，這色，香，味，三個條件，也極重要的。——色，於食物的新鮮不新鮮有關係的；香，於火候的到不到有關係的。

此外，在烹調時對於食物的清潔也須注意到的。烹調的人，不可披散頭髮，必須戴帽，或用布巾等物包住頭，指甲也要剪剔乾淨，用一幅白色飯單，圍住在胸前，廚房中一切用具，都須洗滌清潔和消毒。對於食物的洗滌，也須十分細心，不可使蟲蟻，塵土，毛髮，飯粒，絲屑，木葉，炭灰，等混入在食物裏面。

烹煑食物，多數須用弱火，慢慢的煑熟：火勢太急，不但食物容易焦枯，且也不易煑爛。但對於煑蛋白質豐富的食物，却須投入沸水中，先使牠的外部燒熟，不致將蛋白質流出。又魚類在下鍋時，亦不宜用弱火，應用强火。

切開食物時，不但要使牠的形式整齊美觀，還要向食物纖維的横截面切去，使纖維切斷，進食時容易咀嚼。

烹調的得法與否，牠的關鍵全在加味時的注意，調味的材料，爲鹽，醋，醬油，豆醬，砂糖，酒，脂油，香蕈，及豆豉，生薑，芥末，等，此外又有關於香味的材料，如葱，蒜，茴香，等，一切調味的材料，除調味的一點功用以外，牠自身也有滋養的功用。

(附)食物成分表

1 乳汁成分表

種類	水分	蛋白質	脂肪	炭水化物	灰分
人乳	八七・七三	一・三五	二・九七	七・六一	〇・一六
牛乳	八六・三三	三・六〇	四・五六	四・七二	〇・七二
羊乳	八三・二三	六・九七	五・一三	三・九四	〇・七一
馬乳	九一・三五	一・九五	〇・八〇	五・五〇	〇・四〇

2 穀類成分表

類別	水分	蛋白質	脂肪	澱粉	糖類	纖維	灰分
中國米	一二・五五	七・七七	〇・五三	七五・四五	二・三四	〇・四七	〇・七八
外國米	一三・〇二	五・〇七	一・二一	七二・五二	三・五二	三・一三	一・五三
陸稻米	一二・七七	九・八〇	二・三四	六七・三〇	五・一四	一・四〇	一・一〇
糯米	一二・四一	四・三〇	一・三〇	七二・八六	四・七三	二・七九	一・六一
小麥	一二・三八	九・五〇	一・五六	七四・六二			一・九三
大麥	一四・〇四	一〇・〇八	二・三一	六四・四六		六・六五	二・四六
蕎麥	一三・〇〇	一五・二〇	三・四〇	六三・六〇		二・一〇	二・三〇
黍	一三・三五	九・五五	三・五七	六五・七七		四・五三	三・一三
玉蜀黍	一四・五〇	九・〇〇	五・〇〇	六四・五〇		五・〇〇	二・〇〇
粟	一三・〇五	一三・〇四	三・〇二	五〇・四二		一〇・四一	三・〇五
稗	一三・〇〇	一一・七八	三・〇三	五三・〇九		一四・七五	四・三五

3 豆類成分表

種類	水分	蛋白質	脂肪	澱粉糖類	纖維	灰分
大豆	一三・三三%	三五・九一%	一六・七二%	一七・三〇%	一一・五七%	四・八九%
豌豆	一四・三〇%	二二・四〇%	二二・五〇%	四九・一〇%	九・二〇%	二・五〇%
蠶豆	一四・三一%	二二・六三%	一七・二一%	五三・二四%	五・四五%	一一・六五%
落花生	七・五〇%	二四・五〇%	五〇・五〇%	一一・七〇%	四・〇〇%	一・八〇%

4 根菜類成分表

類別	水分	蛋白質	脂肪	澱粉	糖分	纖維	灰分
甘藷	二七・九三	〇・九三	〇・三一	二〇・二一		二・三六	一・一七
芋頭	五八・二〇	一・四三	〇・〇八	一〇・四〇	〇・一二	〇・六三	一・〇〇
薯蕷	七六・一九	二・一八	〇・一二	一四・八〇	三・一一	一・七八	一・七四
百合	六九・六三	三・四〇	〇・一二	一九・一〇	〇・六〇	一・四一	一・二五
馬鈴薯	七五・〇〇	二・〇〇	〇・〇五	二一・〇〇		〇・九五	一・〇〇

5 葉菜類成分表

種類	蛋白質	脂肪	炭水化物	纖維	灰分	水分
蕨	二・八三	○・一三	一・四一	三・二七	一・一八	九一・一八
菠薐	二・三○	○・二七	一・六五	○・五七	一・三○	九三・九一
小松菜	二・五一	○・五二	一・一八	一・七九	一・三八	九二・六二
白菜	一・七四	○・二二	○・九三	一・一七	○・八九	九五・○五
三葉菜	○・八六	○・一二	二・四六	一・二三	一・三二	九三・九六
胡瓜	○・八五	○・○八	一・九六		○・四七	九六・六四
甜瓜	一・一五	○・四八	四・一○	一・二四	○・五九	九二・四四
茄子	一・○○	○・○六	三・一一	一・四一	○・四二	九四・○○
南瓜	○・六五	○・一三	六・○八	二・一五	○・七五	九○・二四
冬瓜	○・二六	○・○二	一・七二	○・三五	○・二三	九七・四二

6 食物消化時刻表

食物	消化時刻
米	一時
炙鹿肉 海帶 蘋果 葡萄 水蜜桃 西米飯	一時四十五分
牛乳 薇 杏 橘	二時五分
炙雞 炙鴨 牡蠣 雞蛋糕 煑豆 連皮洋葱 黃瓜 西瓜 枇杷 柿	二時三十分
煑雞肉 葱 南瓜 甜瓜	二時四十五分
炙牛肉 生牛肉 炙羊肉 醃豬肉 煑紅蘿蔔 筍 玉蜀黍麵包	三時十五分
煑犢肉 牛油 炙雞肉 熟雞蛋 油煎比目魚 蠔 蛤蜊 煑白蘿蔔 甘薯 蕪青 麥麵包	三時三十分
豆 煑蘿蔔	三時四十五分
炙豬肉 炙雁肉 醃鱖魚	四時
生煎牛肉	四時三十分

食物	消化時刻
煑鱖魚 鮭魚 燒豬肉	一時三十分
炙牛肝 生雞蛋 大麥 蠶豆 水芹 菠菜 茄 冬瓜 桃 梨	二時
生牛乳 煑牛乳 燒雞蛋	二時十五分
胡瓜	二時三十五分
炙犢肉 煑羊 煑嫩雞 半熟雞蛋 煑豆湯 玉蜀黍 菌	三時
香腸	三時二十分
炙兎肉	三時四十分
煑牛肉	三時五十分
炙鴨肉	四時十五分

B 鑒定食物的常識

食物在未烹調以前，先須有一番鑒定的工夫，檢選得優良的食物材料，方可烹調成優美的食品。現在分說在下面：

（一）米的鑒別　中國南方人，多數是吃米的，所以對於米的鑒別，是一種重要的工夫。就米的本質說，一，米粒要堅實，質地要緻密。二，米粒要肥大，形狀要圓。三，米粒要重，而不脆。四，米粒的糠皮要薄。五，米色要淡黃而透明有光澤的。六，米粒雖細長，但是兩頭不尖的，也是好米。七，米粒的縱線淺，粗細一律的也是好米。八，米粒要是白色而沒有斑點的。　又鑒別米的方法：一，用手握米，糠屑着手一擳便去的，便是椿搗純熟的米。二，將一撮米在兩手掌中搓過，看有透明色澤的，也是好米。三，米不經手搓，便有透明光澤的，這便是在舂搗以前，卽加入鹵汁的，不全是好米。四，米經淘洗後，水中無粉屑流出的是好米。（米商常用光粉和入米中使米色潔白又可分量重，這是奸商常有的事，所以淘米務須淨盡）五，米經煑後，不見紅黃色斑點的是好米。

（二）蔬菜的鑒別　蔬菜是家常食品，且於人身的滋養極有關係；倘吃了不新鮮或敗壞的蔬菜，使胃腸不容易消化，便要害病。現在分說蔬菜的鑒別法在下面：一，根菜——蘿蔔，青芋，甘藷，慈姑，藕，馬鈴薯，等，都稱爲根菜，選用根菜，須生脆不乾縮的，皮須光滑，鬚根要少，切開處水分要多，總是好的；倘外皮受傷，或已乾縮，或經冰凍，或鬚根太多太老的，都不合用。白色紅色蘿蔔，有合於生吃的，出在江北的最好；青蘿蔔出在天津的最好。二，葉菜——一切大葉細根的菜，如白菜，菠菜，甘藍菜，等，都稱爲葉菜，葉菜採下後，須趁新鮮烹食，菜葉乾黃，葉上有蟲吃過的缺口，或經冰凍過，或採下後浸入水中，過夜，第二日再出賣的，都是不適於烹調的。選取葉菜，必須葉面光潤，葉身肥厚，切斷處水分豐富的，纔是最新鮮合用的。　三，瓜類——又稱蓏果，如茄子，王瓜，越瓜，冬瓜，南瓜等，都是家常蔬菜中主要食品，鑒別法：茄子須是紫黑色，沒有瘢點的，倘皮成紫紅色，蒂帶白色，又肚大而多子的，都不適用。王瓜，須是青色，或略帶白色脆嫩的，最是美味；黃色的已老，便沒有美味。南瓜，如做蔬菜吃，須青色脆嫩時採下，炒熟，味甚適口；如做點心吃，須老黃而味甜的，最適用。

（三）魚的鑒別　魚肉腐爛，最容易成腸胃病；所以我們務須吃新鮮的魚。至於鑒別方法，是很容易的。如是新鮮的魚，那眼球便和水晶一般而透明的，腮肉顏色鮮紅，（亦有魚販故意將腮肉染紅的）全身鱗片固着在肉上，雖用刀刮，亦起彈性的，肉色鮮紅透明，有光澤；倘然是不新鮮的魚，必是眼珠下陷無光澤，腮肉現紫黑色，全身魚鱗不完全，亦容易刮去，肉質失去光澤，又沒有彈性，此外又最容易辨別的，便是不新鮮的魚肉，是特別腥臭的。

（四）肉的鑒別　肉類食物，亦和魚類食物一樣的容易敗壞，人吃了敗壞的魚肉，又最容易成病；所以我們選買肉類時，須注意下面的各條：一，肉色現淡紅，脂肪和在脂肪中的細靜脈管好似大理石的斑紋一般，必是好肉。二，用指頭壓肉面，有彈力，指面不濕的，是新鮮肉的證據。三，肉色成深紅的，是將腐爛的肉，成慘白色的，是有病的肉。

四，生肉下鍋，不久肉體便緊縮的，也是將腐爛的肉，不可烹食。

（五）蛋的鑒別　將雞蛋或其他的蛋握在手中，對光照着，横豎都現透明色的，便是新鮮的蛋；如透明而混濁的，便不新鮮。又另一試驗法，便是將一〇％的食鹽，和水盛在碗中，又將蛋放入水中，蛋浮的是不新鮮的；蛋沉的是新鮮的。如蛋沉水底平臥的，必是最近產的蛋；蛋沉在水中尖的一頭略浮，圓的一頭略沉，斜臥着成四十五度角度的，牠離產生期必在一星期以外；如尖頭在上，圓頭在下，而直立在水底的，必是兩星期以前產生的。

（六）水的鑒別　水是人大宗的飲料，不但在飯菜食物中是佔據多數成分的，便是每日所飲的茶水或咖啡中，幾完全是水製成的。又水中的微生物，最容易滋生，我們對於每日飲食需要的水，更不得不用方法去嚴密的檢查牠，簡單的檢查方法，一，井口不可離陰溝及汚穢水池太近。二，井口不可離廁所太近。三，太淺的井水。是不可充飲食料的。四，裝清水在玻璃瓶中，將瓶搖動，再開瓶塞嗅着，沒有臭味的便好。五，煑水到三十或三十七熱度時，倒少許在口中嘗着，沒有異味的便好。

C 烹煑要點

一，菜的材料，都要是新鮮的；陳腐的不但是不佳，且妨礙生命。
二，飯菜材料，在未烹調以前，應當先洗滌清潔。
三，切菜要大小均勻，不可粗糙雜亂，或厚薄不勻。
四，炒菜或煎炒魚肉，鍋要燒紅；油要煑沸。
五，菜正在燒煑時，不可多加鹽；太鹹了不但味不佳，且不容易煑熟。

六，凡有腥味的食物，如魚及牛羊猪肉，在燒煑的時候，應加酒，及葱，薑，或花椒等，可以解除腥味。

七，燉肉須先用緩火後用急火；煎魚須先用急火後用緩火。

八，煑肉食時，如欲牠快爛，可以加鹼水幾滴，但不可太多。

九，炒肉片魚片等可薄和黃粉或黃粉一層，免得太老。

十，清燉鷄肉等食物，須多加水不可加醬油；紅燒鷄肉類，須將水收乾，（不可太乾）多加醬油。

十一，菜要趁熱吃，冷菜不但減味，且容易腐爛；隔夜菜以不吃爲是；又製菜宜少，最好一次吃完。

十二，江浙人烹調多用糖，且喜煑爛；閩粵人烹調注重湯，且喜生吃；四川湖南人愛吃辣；河北山東人愛吃葱，韭，大蒜。

D 飲食用具要點

烹調方法十分複雜，考究不盡；但是做一個平常家庭主母的人，祇要能做普通飯菜，也便夠了。況且如今世界不景氣，民窮財盡，失業恐慌和物價高漲逼在眼前的時候，我們要想一想一般啼飢號寒的窮人，祇須吃一口粗菜淡飯，也便心滿意足了，但是飲食材料，必須要適合衛生的，而用具必須是要清潔的，這是不問窮富的人都應當注意到的。現在我再將關於飲食的用具開一個單子在下面：

（一）飲食用具 杯類——酒杯茶杯玻璃杯高脚杯 筷類——竹筷骨筷象牙筷 盌類——飯盌菜盌湯盌 盤類——小盤中盤大菜盤湯盤魚盤 碟類——杯碟匙碟醬油碟瓜子碟菜碟 壺類——茶壺酒壺菜油壺龻

油壺　匙類——湯匙菜匙飯匙長柄匙小匙　瓶類——酒瓶醋瓶醬油瓶胡椒瓶鹽瓶　鍋類——暖鍋湯鍋一品鍋

(二)烹調器具　刀類——柴刀　菜刀　薄刀　尖刀　牛骨刀大菜刀　砧類——厚砧板薄砧板　鍋類——大中小湯鍋飯鍋長柄鍋平底鍋及鍋鏟　罐類——湯罐肉罐糖罐粉罐　竹器——蒸籠蒸架筷籠淘籮飯籃菜籃　巾布——抹桌布洗手布洗碗布包頭巾小圍巾大圍巾　鐘類——廚房中掛的壁鐘手臂上用的手錶　臼類——擂盆搗臼　叉類——火叉菜叉燻魚肉用的叉　刷類——鍋刷衣刷以及洗鍋用的絲瓜絡

(三)味料　油類——猪油菜油蔴油　鹽類——粗鹽細鹽　醬類——醬油豆板醬菓醬　酒類——料酒火酒燒酒白蘭地葡萄酒　糖類——冰糖白糖砂糖方糖　辣味——胡椒生薑辣椒芥末　粉類——黃粉麥粉麵包粉

刺激料——葱韭菜大蒜葉大蒜頭

四　家常烹飪法

主婦是家庭裏主要的人，不論祭享宴會，以及日常三餐，所有肴饌的供給，羹湯的調和，都依賴主婦的治理；因此這烹飪法是極有一講的必要。大凡同一材料，要看配合的得宜，火候的合度與否，而味的美惡就判定了。所以這種種的事，都須要練習。但是各地的物產不同，人的嗜好亦兩樣，因爲這樣，這烹調的方法，也不能完全相同。現在祇將家常日用的食料，舉出其烹飪法可以通行的，做主婦們的參考。

A　豬肉烹調法

(1)紅燒肉　用背部肉（肥瘦各半）一斤，切成大塊，放在鍋裏，加水與肉面齊。煮到半熟，將肉和水拿起，另外用熬熟猪油四五匙，調白糖二兩，與肉一同入鍋，炒之，再加醬油四兩，酒二兩，等候肉色濃紅，加鹽半匙，水（就是先前的肉汁）少許，再燒四十分鐘就酥。

（2）紅燜肉　和前面方法所不同的地方，就在燒到半熟的時候，就將醬油，酒加入，（留肉汁同燒不好。）用弱火燒半小時，再加冰糖屑二兩，鹽半湯匙，仍舊用弱火燒酥。

（3）白切肉　用背部或腿部肉（瘦多肥少）一斤，不切開，放在沸湯中，稍煮一些時候，用繩紮緊，加酒二兩，猛火燒之。約經過四十分鐘，已經熟透，拿出切片，用醬油，薑末（或芥末）拌着吃。

（4）白煨肉　用背部肉一斤，切整塊，放在鍋裏，加水蓋過肉面，先用猛火燒沸，再加入酒二兩，鹽一匙，葱，筍鞭，木耳等，用弱火再燒。等燒透，另外用醬油蘸來吃。假使在煨的時候，加上白菜，冬筍，火腿等，都很適宜。

（5）炒肉絲　前腿肉十二兩，切成細絲，先將熬熟猪油三匙，放在鍋裏烊化。然後倒肉絲在鍋裏，用鏟刀不停手炒着，加酒一兩，醬油二兩，鹽一小匙，豆粉少許。等肉絲炒熟，趕快鏟起；不然肉老而不容易消化。炒時可以加各種菜料副佐之；像洋葱頭，白菜，黃芽菜，茭白絲，鹹菜，薺菜等都可以的。　炒肉片的方法相同，不過把肉和配合的菜料，切成片罷了。

（6）爛糊肉絲　腿部肉一斤，白菜一斤，都切成絲。先將菜放進鍋裏，（先莖後葉）加水燒透，次入肉絲，加熬熟猪油二匙，鹽一小匙，酒一兩，火腿絲等，燒透之。這是白燒法；假使要紅燒，那末多加一點醬油。

(7)粉蒸肉　用腹部肉一斤，切片，浸在醬油四兩酒二兩裏面。大約經過一小時許，拿出，用炒米粉(應該用粳米)四五兩，拌在肉片上，用鮮荷葉包住，放在鍋裏蒸熟。

(8)肉圓　用腿肉一斤，加入木耳，香菌等，一同斬細，放在碗裏，加醬油二兩，酒一兩，鹽一匙，拌勻。用手略揑成團，放在鍋裏加油二兩煎熟；或放鍋裏蒸熟也可以的。　肉圓的大者，名叫獅子頭，方法和上面大略相同。先用肉切細，(勿斬)加進蝦仁，鹽，酒，醬油等拌勻；再和以鷄蛋白，做成極大的肉圓，放在鍋裏，用弱火燒熟。

(9)叉燒肉以及燻肉　將瘦肉切成長條，浸在醬油中二三小時，取出等乾，在無煙炭上燻之，燻時塗上玫瑰醬等。常常翻動，使肉不焦。

燻肉，先用酒，醬油，與肉一同燒到半酥，取出。在燒着的木屑上，用架燻之，燻透後切成薄片。

(10)油捲以及肉包　用瘦肉斬細，加入香菌丁，冬筍丁，酒，鹽，醬油等拌勻。將網油切小，包成每個約三寸長的肉捲，放在油裏熬透，取出。另外再加進筍片，香菌，木耳，糖，醬油，以及水少許，一同燒透拿出。　還有肉包，是用百葉或豆腐衣，包以上拌勻的菜料，每個大約二寸長，加油以及醬油煎之，或加水，醬油蒸之，都可以的。　除此之外，像油豆腐塞肉，油麵筋塞肉等材料和前一樣。

B　豬身雜件烹調法

(1)豬頭　先對豬頭刮去毛，洗得極乾淨，放在沸水裏。稍燒一會，拿去水，用甜酒和葱，蓋肉面，一同煨，等熟後再加鹽，水醬油用弱火煨到極爛爲度。

(2)豬蹄　用刀洗刮得極乾淨，放在沸水裏，燒過一些時候，拿出來。另外再用水，酒，鹽，放在鍋子裏煨爛，或用茴香醬油，紅煨也可以。

(3)蹄筋　將蹄筋泡軟，放在雞湯或火腿湯裏，加作料煨爛；或加火腿片筍片等炒之；或先在油裏炸後也可以。

(4)豬肝　可連網油買來。將豬肝切片，網油切小塊，一同放在鍋子裏，加酒，鹽，略炒，再放進葱莖或鹹菜一同炒之。

(5)豬肚　豬肚，必須洗滌得極乾淨；燻，白煨，冷拌，都可以。另外有湯泡肚的一種方法；是用肚極厚的地方，叫做肚尖，刮淨外膜，切成薄片，浸在冷水裏。用的時候，取肚片放在沸水裏，略燒一會就拿出來，用葱椒酒拌透。另外燒火腿湯或鷄湯，燒到沸點，加入肚片，立刻起鍋。吃的時候，可以加胡椒末以及芫荽。肚片以脆嫩而不生的爲最良好。

（6）豬腦　照燻肉法燒之，或與火腿蔴菇同煑。

（7）豬腰　豬腰可以煨爛，蘸椒鹽吃的。或切成片，用熱水泡去血水，洗淨，放在葱椒酒略浸一會，照炒肉絲的方法炒之。

（8）脊腦　每段切成一寸長，與豬腦一同放在火腿麻菇中燒之，名叫脊腦湯。

（9）豬肺　洗的時候，將肺掛起，從氣管中注入冷水，用手掌將肺葉敲拍幾十下，自氣管中傾出血水。再注入冷水，用手掌敲幾十下，必須要使肺葉洗滌到極乾淨，而變爲白色，乃剔去包衣，剪碎成塊，去掉膜再洗。然後用鷄湯或火腿湯同煨。

(10)豬腸　豬腸很不容易洗淨。洗時，第一必須將腸翻轉來，刮去污穢，用稻柴灰以及鹽摩擦，再放在清水裏洗乾淨，到沒有臭味爲度。然後放在沸水裏，燒一些時候。拿出來再洗乾淨切斷，與鷄湯同煨。紅煨或白煨都可以，或者將幾條小腸套在大腸裏，燻過之後，切成薄片，蘸椒鹽吃亦可。

(11)豬皮　先風乾之，用的時候放在水裏浸軟，再在油裏炸透，和其他菜料一同燒。菜館中人常常充當魚肚用。或將皮斬細加鹽，在鍋子裏蒸幾次，蒸到極透，加入斬細的瘦肉，就可以做饅頭餡。

(12)豬骨　將新鮮的骨數片，與糯米以及鹽水一同煑成粥，這粥就叫肉骨粥，其滋味是極鮮美。　還有排骨將帶肉的骨切斷，洗乾淨，在糖以及醬油中浸漬之後，放在鐵瓢裏，再放在沸油裏炸之，炸透將油瀝乾，就成排骨。

C　羊肉烹調法

(1)紅燒羊肉　將羊肉切成大塊，放在鍋裏，加水蓋滿肉面，再加酒，葱頭，茴香，蘿蔔片，或刺眼胡桃等，以除去羶氣。等肉煑爛，除去蘿蔔片以及茴香等東西，剩下少許湯，再多加酒，醬油，冰糖屑，各種東西，煨透，務須使其味極濃厚，冬天吃格外適宜。

(2)煨羊蹄　用羊蹄幾隻洗滌乾淨，燒爛去湯，加進，酒，鹽，醬油，葱頭，紅棗，以及鹽少許。等煨濃後，去葱頭，紅棗。用葱，椒，酒，潑入之。

(3)羊肉羹　將熟羊肉切成碎丁，放在火腿湯或鷄湯裏，再加進香菌丁，冬筍丁，酒，葱花，以及鹽少許同煨。

(4)白切羊肉　將肥羊肉剔去骨燒爛，加鹽，酒，山芋粉收湯，倒在磁盤中，使其凍結。臨吃的時候，切成薄片，蘸醬油來吃的。

D　牛肉烹調法

(1)紅燒牛肉　將牛肉切成大塊，放進鍋裏，加水蓋滿肉面，再加葱，薑，以及稻柴幾根。（加酒則增膻氣，所以祇用葱薑不用酒。放稻柴幾根則容易酥。）燒二三點鐘，到半爛拿出。用熬熟豬油炰之，加水再燒。等到熟透，再加醬油冰糖屑等，將汁收乾。

(2)醬煨牛肉　將牛肉如上法燒到半爛，去湯，加入豆板醬以及冰糖屑，拌和燒透，就可以起鍋。

(3)炒牛肉絲　方法和炒豬肉絲相同。但在炒的時候，要加入大蒜頭洋葱頭絲等比較好•，其餘的菜料則滋味要遜色•，這就是和豬肉絲炒時的不同點。在未炒之前，假使用一隻生鷄蛋，將肉絲拌勻，炒時候格外嫩，味道亦格外鮮美。　還有炒牛肉片，其方法同炒肉絲一樣•，不過將肉切成小片罷了。

（4）牛肉汁　市上所賣的牛肉汁，價值很貴•，其實自己做的方法非常容易。方法用牛肉一斤，切碎•，越細越妙。放在罐裏，嚴密蓋住。（不加水）隔水燉三小時，除去油，再燉一小時，去渣存汁，酌加食鹽飲服，其滋養力十分充足。倘若加一倍的酒精，將汁熬濃，則歷久不壞。

E　雞鴨烹調法

（1）紅燒雞　將雞洗乾淨切塊，到在油鍋裏炒•，等油將乾，加入醬以及糖，再炒•，再沃入清水，加進薑片，撥平雞塊，使完全浸在湯裏，更燜燒一小時。

(2)白燉雞　将嫩雞一隻洗滌乾淨，放在瓦鉢裏，加水一碗，酒四兩，糖三錢，薑數片，用雙重紙封蓋鉢口。放鉢在鍋裏，倒進半鍋的水，蓋上鍋蓋，用猛火燉之，隨時加水入鍋，燉二小時就熟了。

(3)炒雞片　切雞肉成薄片，倒進沸油鍋裏炒。火必須要極旺；遮加油，酒，醬油，麻油。在起鍋前，加薑葱末少許，并且要稍放點豆粉在裏面。

(4)煨雞　将雞拔去雞毛，挖去肚裏雜質，洗滌乾淨，中間塞斬碎的肉餡，縫密其口；外面包荷葉，用水調酒罈上的泥，塗在葉外，用炭火煨之，到爛熟爲度；味道非常香而鮮。

(5)溜炸雞　将雞切成小方塊，先在醬油和糖裏浸一小時；再放在沸油鍋裏炸之。稍息取出瀝乾，舀去鍋裏餘油，再放在鍋裏，加糖，葱，醬油，；炒幾下後，沃入豆粉調醋，；再攪幾下，就可以起鍋。

（6）白切鷄　鍋子裏舀進一大碗水，煮沸。將洗淨的整個的雞，放在鍋裏，猛火燒半小時拿出。辨別鷄肉的直橫縫切開，大約寬一寸，長半寸，用蔴醬油蘸着吃，元氣盎然。

（7）拌鷄絲　將熟雞切成細絲，與柔嫩的筍的細絲作拌，就用白雞湯調和之，味極鮮美。或者用醬油，芥末，醋拌來吃，也很好。

（8）炒鷄絲　把雞胸的肉切成絲，用豆粉拌勻。鍋子裏先放豬油熬熟，然後將鷄絲倒下去，；趕快用鏟刀連連攪炒，隨卽拿白醬油倒進，還放少許的葱，再攪炒十幾下，就熟了。如果加筍絲，豆芽菜等一同炒，應當在加醬油時候加進。

(9)紅燒鴨　將鴨子洗乾淨，切成方塊，倒在油鍋裏攪炒，加入醬油調糖和薑片。攪炒之後加水，蓋住鍋蓋燒之，大約經過半小時，開看一次，酌加開水。

(10)八寶鴨　肥鴨一隻，將毛拔乾淨，肚下剖開一洞，除去肚裏肫，肝，腸，油，用清水洗淨。用糯米一杯，加入鮮肉，火腿，栗子，芡實，蓮心，香菌，冬筍，蔴菇等丁，再用葱，酒，醬油拌勻，塞進鴨的肚裏，用線密密縫住，放在鍋裏加水，酒，醬油燒熟。

(11)野鴨　囫圇野鴨一隻，剖開肚子，塞葱，茴香和醬油。外面用水，鹽，醬油，五香煑透，起鍋。葱拿出可以燒豆腐，將鴨切塊供給飯膳。

F　雞蛋烹調法

（1）蛋湯　蛋湯燒的方法有二種：一專用蛋白；一黃白並用。專用蛋白的，叫碎玉湯。拿熟的雞蛋白，切成小塊加香菌筍片，放在鷄湯裏燒熟。在起鍋時候，加少許鹽。黃白並用的，叫蛋花湯。敲生蛋在碗裏，調勻，倒在鮮美的沸湯裏，加食鹽，與火腿絲（或蝦米）等，用鏟刀截開，再燒滾就熟。這二種湯，都以寬湯爲好。

（2）醬煨蛋　把蛋蒸熟，剝殼，和上醬油，酒，與少許的水。放在瓦罐裏，在火炭煨煑。或者在半熟後，略碎其後輪，使紋痕縱橫。連殼煨熟。必須要煨二次，使醬油內透，裏外都是一樣。

（3）蝦仁炒蛋　普通像肉絲，筍絲，銀魚等，都可以炒蛋；然而要算蝦仁炒蛋爲最好。方法把鷄蛋去殼，黃白調和。（勿加水）先用豬油入鍋熬熟，加蝦仁，筍片少許；稍一會，再將蛋放下，酌加鹽，連連攪炒，等蛋將凝結，即刻起鍋；否則，恐怕蛋老味變。

（4）溜黃蛋　將蛋黃和水（不用蛋白）調勻。先將豬油倒在鍋裏燒熱，再將蛋倒在熱油裏，（每一個蛋，用一兩豬油。）趕緊鏟炒；然後酌加火腿屑和鹽，到蛋與油勻和，就可以起鍋。

G　魚類烹調法

（1）溜黃魚　黃魚一條，剖開肚子洗淨。背部肉厚地方，劃爲斜紋小方塊，使容易入味。當即放在沸油鍋裏炸煎；等魚皮變成褐色，舀去鍋裏餘油，再將魚放進鍋子裏。先加醬油，再加進碎葱薑末與冬菇絲，最後加入酒和水。等燒開之後，再加醋與糖，將魚兩面翻轉溜之，各三分鐘就起鍋。

（2）炒魚片　黃魚一條，剖後洗淨，去皮骨，頭，尾，用刀將肉切片，放在豆粉和水裏，薄薄拌和。然後將魚放在沸油鍋裏炒透，撈起濾乾，去鍋中的油，再放在鍋裏，隨後加醬油和糖，用鏟刀反覆輕炒，再加葱，木耳以及筍片等炒熟。

（3）紅燒鰻鯉　揀擇肥大河鰻，洗淨滑涎，除去頭尾，斬寸爲段，用酒，水，猪油燒爛，加鹽以及醬油，多燜收湯，使其入味。最後加多量的葱，薑，茴香等的東西，以殺腥氣。起鍋前再加冰糖和豆粉少許。

（4）炒鱔絲　將黃鱔洗淨，劃絲去骨。用酒，醬油煮之，再加火腿屑與豆粉水。

（5）魚片湯　把魚片浸在醬油裏十幾分鐘，夾起，用豆粉拌，放在沸湯鍋裏，加葱以及筍片。在起鍋時，加胡椒和蔴油。

（6）炸鱖魚　把鱖魚一條，破腹抉去肚腸洗清。背部厚的地方，用刀切成斜紋小方塊，然後放在鐵絲瓢上進沸油裏炸之。等魚皮變灰褐色，翻轉來再炸。看魚色變黃就熟了。這樣將油濾乾，夾開沾花椒鹽進食。

(7)白燉鯿魚　把鯿魚剖腹去鰓，浸在醬油糖裏，將肥猪肉切薄片，與冬菰，蝦米，和葱，一同放在魚身上，擺在蒸籠上蒸之，熟時將酒半兩沃之。　清蒸鯉魚以及清蒸鯽魚，其方法都一樣。

(8)紅燒鯽魚　鯽魚剖腹洗淨，用刀橫刲魚身兩面，放進沸油鍋裏炸酥撈起；舀去鍋子裏的油，再把魚放在鍋裏，加糖調醬油；用鏟刀反覆翻轉，再加葱和冬菰絲，加醋和豆粉水，一會兒就起鍋。　醋溜鯉魚的方法相同。

(9)炒甲魚　又名水魚。斬塊入鍋，用猪油肉魚炒；等兩面都熟，多加酒，醬油。火力先弱後旺，收湯成滷。將熟，加葱蒜，熟後加椒鹽與冰糖。

(10)魚丸　把魚刮皮去骨，切塊斬爛，和豆粉，清水，以及鹽調勻，放在鉢裏攪打。先將水大半鍋煑溫，用湯匙做團，像彈丸形狀，投在溫水裏。湯漸漸熱起來，那末用冷水參之，等丸形結實，則湯可以漸漸熱起來。熟了以後撈起。食的時候，加鮮味的湯。

H　蝦蟹烹調法

(1)炒蝦仁　鮮蝦去殼出肉，用火腿，冬筍，白菜等丁，先焙過另放，再將猪油放在鍋裏熬烊，把蝦仁放下攪炒，隨放火腿，冬筍等，加酒以及醬油，再炒十幾下，就可以起鍋。

(2)蝦子海參　浸海參在水裏一晝夜，拿起來剖腹去腸。洗淨後煑得極爛，就用酒、醬油，再用香菌木耳副佐；將熟加蝦子。

（3）蝦圓　蝦去殼和荸薺屑，放在小石臼裏搗爛。將爛時候，把調過的鹽和蛋拌入，用手掌和酒做圓。（在湯匙中做亦可以。）煮熟，放蝦殼燒的湯裏；拌索粉吃格外好。

（4）醉蝦　帶殼的蝦，去鬚和脚，用酒，醬油、少鬱。（或加醋及橘皮屑）臨吃加胡椒末少許。

（5）炸蝦餅　將青蝦除去鬚和脚，拌豆粉做餅形狀，倒在油鍋裏，反覆炸熟。吃時沾醬油少許。

（6）白煮蟹　鍋子裏盛了水，投入活蟹，加老薑，用猛燒。等蟹殼紅拿起，蘸薑末和醬油剝吃。

（7）炒蟹粉　將蟹燒熟，剝肉和黃，用猪油炒，加酒、鹽、醬油。

在起鍋前略加豆粉水，就成純粹蟹粉。或者和進火腿，肉絲，筍片、香菌，木耳等亦好的。

(8)蜆子湯　蜆子連殼煮湯加鹽以及熬烊的猪油少許。起鍋時撒胡椒末。

I　蔬菜烹調法

(1)紅燒白菜　將菜切塊，倒在沸油鍋裏炒軟，加醬油調糖，反覆攪炒。使之透味，倒進半熟的肉絲，蝦米以及冬菇絲同炒。炒幾十次後，蓋鍋猛燒就容易熟。

(2)紅燒筍　將筍切塊，用刀背敲裂，倒在沸油鍋裏炸之，熟透盛起，舀去鍋裏多油，將肉丁，冬菇等放在鍋裏同炒，再將筍倒進，炒得調勻，沃進糖，醬油再反覆攪炒。將收乾，再倒進餘油同炒等油將收乾就可以了。

（3）炒茭白　先將豬肉切絲，加醬油，酒，燒到半熟，乃將茭白切成一寸長，和水一同倒在鍋裏燒，一二滾就熟。假使是蒸茭白，可以切片蘸麻醬油吃，滋味亦很好。

（4）炒白菜　白菜擘去粗葉，切塊。先將冬菇，蝦米泡過，和豬肉片，筍片，下油鍋炒熟，倒進白菜，猛燒，反覆攪拌，半熟，沃入醬油和糖再炒。等完全熟透後盛起。

（5）清煮瓢兒菜　除去爛菜，倒在油鍋裏攪炒，半熟，放水。等水沸，下鹽，燒到稀熟盛起。

（6）紅燒茄子　把茄刳子切塊，洗滌乾淨，倒在沸油裏炸之。撈起後，去鍋裏餘油，留少許，將肉丁及蝦米倒下加醬油之後，將茄倒進同炒，加水少許，再炒，等透味就可以了。

(7)炒蠶荳　先倒進肉丁，冬菇丁，薑丁在油鍋裏，然後再倒入蠶豆，翻覆攪炒，沃入醬油，再炒幾十下。

(8)紅燒冬瓜　將冬瓜切片倒在油鍋裏炒透，倒下醬油再炒，炒後加水燒熟。

(9)八寶豆腐　用嫩豆腐切成小塊，加香菌屑，蘑菇屑，筍屑、黃芽菜屑，京冬菜屑同炒；繼續加醬油和糖，稍燜一會就起鍋。

(10)熗豆腐　先將肉絲倒在油鍋裏炒，再將冬菇，蝦米倒下，最後才下豆腐；一同輕炒，加些醬油。待汁將收乾，加少許水煮透。

J　粥飯的煮法

(1)飯　把米倒在竹籮裏，放在清水裏淘清。用手擦米，使水從籮孔裏淋出，漂了乾淨稍濾。把淘清的米，倒在鑊裏，看米的多少，作爲水的加減。黃米飯性質比較會漲，每升須用水三大碗。白米飯漲性不足，每升用水二碗半。燒白米飯最好先將水燒滾，然後下米再燒。，黃米飯則不論。燒時候的火，必須先猛後弱。第一次滾後，焖十分鐘。，煑熟後，再焖十分鐘，然後可以盛起。

（2）豆飯　用青豆去掉莢殼，和米一同入鍋，撒鹽少許。，煑法同飯一樣。假使豆已經老了，那末先將豆和水燒滾後倒下米去再燒。或者用豆仁和肉煑飯，這就是叫豆仁飯。，大約每升米用豆七八合。純用粳米，不如粳糯米各一半，比較來得柔軟有味。

（3）菜飯　在未燒之前，先將青菜放在油鍋裏焙過，加少許食鹽。然後和白粳米與水一同入鍋。其餘和普通燒飯相同。

(4)粥　燒法和飯差不多，不過水量酌加一倍以外。黃米粥燒二滾已經足夠。如果原先是飯，祇須一滾，略燜就可以。白米粥那末必須要三四滾，并且多燜以求其膩。因爲黏性的不同，所以秈米需水量少，晚稻米需水量多。

(5)菜粥　倒白米在鑊裏，將已切細的青菜與鹽酒，相繼倒進，燒一二滾稍燜就熟。先煮菜，後下米同煮，也可以的。

K　點心的烹調和製法

(1)湯麵　用雞蛋白放在麵粉裏，幹成薄麵皮，用小刀截成條，稍寬，這就稱爲裙帶麵，以湯多爲佳，麵中含蛋白的格外滑潤。

(2)拌麵　將細麵下滾水裏，用竹箸攪盪，等熟之後，用竹絲瓢（或用鉄絲瓢）撈起，用冷水淋清，再放在滾水裏燒熱，撈起濾乾，放在碗裏，用醬麻油拌勻。另外備雞肉，香菌濃滷，臨食加上。

(3)鰻麵　把大鰻一條蒸爛，拆肉去骨，和在麵裏，放雞湯輕揉之，幹成麵皮，用小刀劃成細條，用雞汁，火腿汁，蘑菇汁等燒熟之。

(4)簑衣餅　麵粉用冷水調和，不可多揉，幹薄後，捲攏再幹。用猪油白糖調勻，再捲攏，幹成薄餅，用猪油煎黃。如果要吃鹹味的，那末加葱，椒鹽。

(5)燒餅　麵粉幹薄做餅，用松子，胡桃仁敲碎，加糖、脂油合做餅餡，餅面黏滿芝蔴，以兩面烘黃爲度。

(6)酥餅　冷定脂油一碗，開水一碗，攪勻，放進生麵，儘揉做團子像胡桃大，外用蒸熟麵放進脂油做團子，略小一點。就將熟麵團子，包在生麵團子裏，幹成長餅。大約長八寸，寬二三寸許，然後折疊像碗樣，包上饟子。

（7）脂油糕　用純糯米拌脂油，放在盤裏蒸熟，加冰糖，捶碎在粉裏，蒸好切開。

（8）肉餃　糊麪攤開，裹肉做餡，蒸熟做餡。但是必須肉嫩去筋。或者用肉皮煨膏做餡，也覺得鮮美。

（9）水粉湯團　用水粉和作湯團，用松仁、核桃、猪油，糖做餡。或者用嫩肉去筋絲，捶爛加醬油、葱末做餡也可以。做水粉法：用糯米浸在水裏一晝夜，帶水磨之，用布盛接，濾去其水，拿細粉曬乾備用。

（10）糉子　做糉子，拿頂好的糯米，淘乾淨，用大箬葉裹之，中間放火腿一小塊，封鍋悶煨一晝夜。吃之滑膩溫柔，肉和米化。或者斬碎肥火腿，散放在米裏，拿竹葉裹住，尖小像菱角，這名稱就叫竹葉糉。

五 西餐烹飪法

西洋風俗宴請客人，一切肴饌，必由主婦親手調理，以作表示敬意。就是平時每天三餐，做主婦的，也必定親自到廚房裏，調理一切。因爲她們對烹調的方法，早已練習熟了。我國近來宴客，有外賓或上賓在座，很多參用西餐；但是烹調一概假手於專門的庖人，家庭裏很少有能夠的人。這是由於中西嗜好的不同，取材烹調的各異，不得其方法，無從着手。現在採集各種通行的烹調法來細細講述之，或者可以學他們的長處，以補自己的缺點；不獨在宴會上得到便利，就對於飲食衛生，亦有很大的裨益。

A 羹類烹調法

（1）雞羹（Chicken Broth）　雞一隻，殺後洗滌乾淨，揩乾，切塊去油，放在燒罐裏。每隻一斤的雞，放一大碗冷水，燒到半酥，割去胸肉，其餘等到三四點鐘後，取出濾過，湯稍冷，將上浮的油撇去，再放在罐裏，把胸肉切成小方塊，一併加入。另加米半杯，燒到半軟，用鹽，胡椒調味。

（2）羊肉羹（Mutton Froth）　用羊腿肉或肩肉，切成小塊，去油，放在燒罐裏。每斤加冷水一大碗，燒四五點鐘，濾過撇油，再放在罐裏，加芹菜一莖，米二湯匙，燒到半軟，用鹽，胡椒調味。

（3）蘇格蘭羹（Scotch Broth）　用羊頸肉二斤，切成小塊，去油，放在罐裏，加冷水二大碗，鹽一茶匙，弱火燒二小時。另外拿蘇格蘭大麥二匙洗淨，還有葱頭一隻，蘿蔔一隻，芹菜一莖，芫荽（香菜）一莖，切細後，一併加入。再燒一小時，濾過撇油，再入鑵燒滾，加鹽胡椒等調味。

（4）蛤蜊羹（Clam Broth）　大蛤蜊十二隻，洗滌乾淨，放在燒鑵裏。加熱水，以蓋過殼爲度•，等殼稍開剝去。蛤蜊與汁同燒十五分鐘，濾過，加牛酪一湯匙。等燒滾，用胡椒調味•，勿加鹽。盛在盃裏，上蓋打鬆的奶油，其味格外鮮美。

（5）牛肉西米羹（Beef and Sag0 Broth）　牛肉一斤，去脂肪和皮，切成細絲，放在瓦鑵裏，加冷水一大碗，鹽半茶匙，浸一刻鐘，然後用弱火燒之。勿使賁滾，取出濾過，再放在鑵裏，加西米二湯匙。將其燒滾，到西米現透明色，加打過的雞蛋黃兩隻，在火上攪幾分鐘，勿使成塊，再加鹽調味。

（6）速成羹（Quickly made Eroth） 精肉十二兩。斬碎，浸在一大碗冷水裏大約經過一刻鐘，然後用弱火燒半小時，加牛酪以及鹽調味就成了。

B 湯類烹調法

（I）牛尾湯（Ox-tail soup） 牛尾二條，剖開，並截斷其節，加脂油一匙，葱頭一隻，煎黃，放在燒罐裏，加冷水四大碗。等燒滾後再加香菜一莖，丁香三隻，胡椒六粒，一同燒四小時。然後再加鹽一湯匙，濾過去油，將牛尾，每盆一塊，加入原汁。

（2）薄倫湯（Bouillon） 牛股肉一斤，去油，切成小塊，放在燒罐，加冷水一大碗，先浸一小時，再用弱火燒四小時。滾時候撇去浮沫，加切碎的葱頭一隻，蘿蔔一隻，香菜，旱芹各一莖；還有丁香二隻，胡椒六粒，再燒一小時，在離火時，加鹽一茶匙，等冷後去油。吃時燒熱，加蛋白一隻，攪之使滾一刻鐘，用細布濾過•，使其色潔淨像蜜蠟，或者加色利酒也好。

（3）白料湯（White Stock）　牛股肉一斤，切小方塊，加牛酪一湯匙，煎黃雞一隻，洗淨切塊，一同放在燒鑵裏，加冷水四大碗，弱火燒五小時。隨時撇去浮沫，取葱頭一隻，蘿蔔半個，香菜旱芹各一莖，切碎，用牛酪一匙，煎黃•，和丁香三隻，胡椒三粒，肉桂一方寸，桂葉一塊，茴香少許，鹽一茶匙，一同加進•，再燒一小時，取出濾過，就成清湯•，牛肉雞肉可以作爲其他用處。

（4）雞料湯（Chicken Stock）　雞一隻，切成塊•，每隻一斤重的雞，加冷水一大碗，煮三小時。然後加葱頭一隻，旱芹二莖，鹽一茶匙，胡椒少許。再燒一小時，濾清，就成料湯。雞肉可以作別的用處。

(5)蘆筍奶油湯(Gream of Asparagus Stock) 蘆筍十二莖，燒輭，軋細。備料湯一大碗，加牛酪一匙，麵粉二匙，鹽，胡椒少許，調厚燒，加奶油一杯或半杯。用筷打鬆，乘熱上席。青豆、刀豆、菠菜，旱芹等奶油湯，烹調法也一樣。

(6)洋葱頭湯(Onion Soup) 大葱頭二三隻，切片，加牛酪一匙，煎至輭黃，用麵粉二匙，水一碗，調成薄漿，加入同燒．不停手攪得極熱，再用燒熟搗爛的洋番薯三隻，和熱牛奶同調加入(或者用料湯調和)用鹽，胡椒調味，燒到極熟，用篩濾過，上面撒切碎的香菜，並且加方骰形油煎的麵包幾塊。

(7)番茄湯(Tomato Soup) 番茄一罐，料湯二大碗，一同倒在鍋裏燒，加桂葉一塊，丁香三粒，切碎葱頭一隻，胡椒少許，約經二十分鐘；濾過，再加打鬆的蛋白三隻。燒到稍滾，再濾過加熱，用鹽調味，並且放油煎的麵包幾小方，乘熱上席。

(8)蠣黃湯(Oyster Soup)　蠣黃去殼，加水一大碗燙之；等肥捲起取出，在原汁裏加牛酪一匙，牛奶一杯，麵粉二匙，調成湯料，加熱攪之，將蠣黃放進，燒熱就上席。勿過火，恐怕蠣黃變硬失去味道。

C　魚類烹調法

(1)烘魚(Baked Fish)　整魚一條，去鱗剖腹洗淨，用鹽搓之，用碾細的牛奶餅乾(或饅頭屑)二匙，以及斬碎的鹹肉一匙，用冷水調和；加入香菜，胡椒和鹽。這種調和料放進魚腹做餡，外面用木籤插住，魚皮用刀劃開；另外用鹹肉切條圍在割口，把魚放在烘盆裏，撒上麵粉，鹽以及胡椒，盆底放熱水，在爐上烘一小時，澆上調薄的奶油，再撒麵粉，鹽以及胡椒，每十五分鐘一次，等烘熟，輕輕搬在盆裏，加番茄或別種汁，用香菜裝上。

（2）烤魚（Broiled Fish）　魚以鱉魚或鯖魚，鮭魚的小者作爲好。先用脂油抹烤魚的鐵格，以免皮肉黏着破碎。烤時候先烤魚的裏層，再烤魚皮，以黃而勿焦爲度，大約經二十分至三十分鐘。上席時配以牛酪以及番茄汁，酌加鹽和胡椒，用香菜或青菜裝上。

（3）煎魚及炸魚（To saute or Fry Fish）　煎用整個的小魚，或大魚的片，洗淨，以鹽漬之，拌上麵粉。煎鍋裏先熬脂油，然後再把魚煎之。等一面黃後，翻轉來再煎另一面。配上貝諾汁，搬到席上。還有炸魚法，將魚肉切片，先塗打鬆的蛋白，再拌上麵粉或饅頭屑，撒上鹽和胡椒，放在滾油裏炸之。既黃後，排列在盆裏，配上太特利汁，用香菜裝上。

(4)魚排(Fish Chops)　先將魚或魚片燒熟，放在大盆裏。等冷後乃用燉熱的牛酪或牛奶一杯，調上麵粉二匙，鹽、胡椒、檸檬汁少許。燒五分鐘後，就加二隻蛋黃，在火上手不停攪之，到稠厚時拿起，用匙澆在魚肉的上面；再拌入饅頭屑，作爲排骨的形狀；一端圓，一端尖。等到稍硬，放在鐵勺上，入滾油中炸之到黃；去掉油，在其尖端，用叉穿一小洞插進香菜，配上番茄汁或荷蘭台司汁。

(5)捲筒板魚(Rolled Fillets of sole)　板魚的肉，兩面闊有二寸半的可以用，每條切成四片。醋醃或鹽漬，約經一小時許，就將魚片抹上牛酪，捲成筒形，扦上木籤，外面塗蛋白，再抹上麵粉或饅頭屑，放在滾油裏炸，到蜜蠟色拿出，拔去其籤，配上番茄汁或太特利汁。

（6）魚醬（Fish Timbale）　用白魚或鰣魚，切成小塊，倒在臼裏，杵成魚醬，濾去細骨。每一杯醬，加饅頭屑（先在牛奶裏浸軟）一匙蛋黃一個，葱頭汁，鹽，胡椒少許，一共攪勻，再加蛋白二隻，把它打鬆。然後把這醬料倒進模子裏，上面用油紙蓋住。另外用盆子盛熱水，把模浸在裏面。這樣可以放在爐上，用弱火燒二十分鐘，勿使水滾。既熟，放在熱盆裏，四周配上番茄汁。

（7）魚球（Fish Balls）　魚醬一杯，加牛酪一匙，麵粉一匙，牛奶半杯，調勻加熱，再放進打鬆的蛋一隻，以及鹽，胡椒調味。等到稠凝，乃用勺滴進滾油裏炸之使鬆。

（8）奶油鯖魚（Creamed Mackerel）　先將鯖魚浸在水裏一晝夜，去除其鹹味。於是放在淺鑵裏，加進奶油，和麵粉調和的汁，以蓋過魚面爲度，燒一刻鐘。等魚既酥盛在熱盆裏，上面加胡椒香菜和白汁。

（9）烤鮭魚片（Broilep slices of salmon）　鮭魚片先用醋醃，大約經一小時許，乃抹上牛酪烤之。等兩面全黃後，撒上鹽與胡椒，配上切開的檸檬。

（10）烤沙丁魚（Broiled sardines）　沙丁魚是鑵詰品。開鑵拿出，用烤器烤之，每面約烤三分鐘就足夠了。另外備烤熱的麵包，每塊剖開，中間夾三條魚，用鑵裏的油汁，潤在麵包上面。

D　介殼類烹調法

（1）　烤龍蝦（To Broil a Lobster）　沿龍蝦的背脊，用快刀剖開，除去腸胃，連殼切成兩片，拌上牛酪，放在架上烤之，殼向下，約經半小時許就熟。再抹以牛酪，鹽和胡椒。其爪節用夾箝開，乘熱搬到席上。

（2）烘龍蝦（To Bake a Lobster） 照上面的方法剖開，切成兩片，抹上牛酪，麵粉放在烘盆上，約烘四十分鐘。在半熟的時候，再用熱牛酪抹上。烘好，撒鹽和胡椒。

（3）蠣黃（Oyster） 蠣黃用滾水澆之。剝開其殼，排列盆上，其開殼的口向裏。盆的中間用香菜或檸檬片裝上。另外備麩皮饅頭烤熱，拌進牛酪，和蠣黃一同上席。

（4）煎蠣黃（Saute Oyster） 蠣黃十二隻，去殼濾乾，用鹽，胡椒調味，拌進細饅頭屑，煎鍋先將牛酪烊開再放蠣黃。煎到蜜黃色，放在烤熱的饅頭上，乘熱上席。

(5)軟殼蟹（Soft shell Crobs） 先將蟹洗滌乾淨，去臍腮和腸胃，晾乾，撒鹽以及胡椒，拌上麵粉。煎鍋中多抹牛酪，把蟹放下，兩面煎之。到紅熟，放在熱盆裏，用香菜裝上。

(6)菌餡蟹(Stuffed Crabs with Mushrooms) 蟹三四隻，洗淨，取肉留殼。再用等量的菌，切成細粒。煎鍋裏先烊牛酪一匙，再加麵一匙，碎葱頭數片，同煎。勿等其黃，就加牛奶一杯，燒熟的蛋黃二個，一同調和，使其稠滑。這調和料，加進鹽，胡椒和檸檬汁，與蟹肉碎菌相互拌和做餡，裝在殼裏，合上其口。殼上抹打碎的蛋，拌細饅頭屑，用鐵絲瓢入滾油中炸之，約五分鐘就熟。（或在爐裏烘之，殼上但是抹上牛酪與調薄的麵粉糊，不必用蛋。）

（1） 紅燒牛肉（Warmed over Beef） 牛肉切片，去油，先在燴鑵裏放牛酪一匙，麵粉一匙，煑之。等到略現黃色，加料湯一杯，威斯脫醬油及菌醬各一茶匙，鹽及胡椒少許，再加入牛肉片，燒到極酥，放在熱盆裏，並將原汁倒進，以克羅吞爲飾。

（2）烤牛排（To Broit a Beef steak） 牛肉切塊，大約一寸或一寸半厚，兩面先用醋與牛酪抹之，放二小時。然後將烤器烘熱，抹上油，將牛肉放在上面，先烤於火力最猛的地方約經十秒鐘，反轉來也如此。這是因爲其表面一層，得火而焦乾，肉汁閉留於肉裏，以後乃移向火力稍弱的地方，兩面烤之，也經過十秒鐘，反轉一次，那末肉色必定平均，肉汁不洩。烤的時候的長短，看肉片的厚薄而定。大約烤十分鐘至十五分鐘，至肉片中部呈現高鬆，手指觸之，覺有彈力，是火候已足。烤完後，撒鹽以及胡椒，並且抹上牛酪。用檸檬片，或香菜，水芹裝上，與炸番薯球一同上席。

(3)牛肉非列(Fillet of Beef)　非列用牛腰部的肉，去皮切片，約厚一寸左右。烘盆裏預放猪油熬烊，先鋪碎葱頭，蘿蔔片，旱芹等一層在盆底，非列就放在上面，加料湯一杯，鹽半茶匙，胡椒，丁香，桂葉各少許。約烘半小時拿出，濾過其汁；就在濾清的汁裏，加進牛酪，麵粉各一匙，攪之，酌加料湯。燒到極滾，加罐頭菌半罐，燒五分鐘，至菌嫩汁稠濃為度。吃時將非列排列盆裏，用汁倒入，菌面向上，圍繞非列旁邊。

(4)燴牛尾(Ox-tail, Stewed)　牛尾一條，洗滌乾淨，切成寸半長，直剖開，放在熬烊的牛酪裏，煎至極黃，將牛尾拿出，加麵粉二匙，碎葱頭一隻，隨攪隨煎，至現呈黃色爲度。放進料湯一碗，丁香，茴蔻殼，桂葉等香料適宜。燒到極滾，將牛尾放進，燴二三小時；等到已酥，加鹽胡椒調味。將牛尾排列盆裏，倒進原汁，並且用檸檬一匙淋其面；另用克羅呑或煮熟紅蘿蔔裝上。

（5）燴羊肉（Mutton Stewed） 取羊肉的瘦的一斤，切成方塊，放在燒鑵裏，加牛酪二匙煎黃；再加水一大碗，切片葱頭二隻，燒兩小時；再加紅蘿蔔數片，番薯數枚，鹽胡椒少許。再燒一小時，加威斯脫醬油一匙，其汁格外濃厚。

（6）羊排骨（Mutton Chops） 羊腰或羊胸的排骨，切一寸厚，大小相等，用烤器在火上烤之，約經十分鐘就熟。然後抹上牛酪，鹽以及胡椒。放在盆裏，使相接成圈，加刀豆，青豆，或小番薯球在圈的中間或圈的邊上。還有一種方法，用爛熟的番薯，捺成柱形，將排倚在上面，骨的兩端，用花紙做裝飾。

（7）烘火腿（Baked Lam） 火腿預先在冷水裏浸過，洗淨。燒二小時後，拿出去皮，放在慢爐上烘兩小時，隨烘隨淋上脂油。再用餅乾屑以及赤糖，加色利酒調成糊狀，塗在火腿面上，再放在爐上烘之，至黃爲度。

（8）火腿蛋（Broiled ham and Eggs） 火腿切薄片在火上烤數分鐘。另外用猪油烊入煎油，將雞蛋去壳放下，隨用鍋裏的油淋蛋面，待蛋的邊稍黃，蛋黃尚軟的時候拿出，每一個煎蛋，配一片火腿。

（9）咖喱牛尾（Curried Ox_tail） 牛尾切開，與洋葱頭片，一同放在已抹牛酪（或猪油）的煎鍋裏，煎黃。另外備煨鑵，加牛奶二杯，水一杯，桂葉一片，將牛尾放入，大約煨二小時半，撇去浮油。另外再用冷水調咖喱粉一茶匙玉蜀黍二茶匙，加進攪和。最後加鹽以及胡椒，與飯一同上席。

F　鳥類烹調法

(1)烤雞(Broiled Chicken)　烤雞須用童子雞，從背部切開，去腸以及胸骨，揩淨，(不用水洗)撒鹽及胡椒，抹上已烊的牛酪，在烤器上反覆烤之，約經三四十分鐘，以皮黃爲度，再上牛酪，放在熱盆裏，用香菜及檸檬片爲飾。

(2)燒雞(Boiled Chicken)　老雞以燒爲適宜。用麻線將雞紮緊，如用餡則塞在腹中，腹部用線縫好，放在滾鹽水裏煮之，約一小時後取出，除去其線，胸部以白汁撒鹽及胡椒，用香菜爲飾，配以班內斯汁。

（3）雞沙佛雷（Chicken Souffle）　雞肉斬碎，大約一杯。先用已烊的牛酪及麵粉各一匙，在煎鍋裏調煑之極黃，添上牛奶一杯，鹽半茶匙，洋葱頭汁少許調和。大約存汁一杯就倒出，攪進蛋黃三隻，將碎雞一杯加入。用這些做料，在火上調數分鐘。蛋稍凝厚，就取出候冷，上抹牛酪一層，使不起殼。臨上席時，再將打鬆的蛋白三隻，調入冷雞食料裏，倒在布丁盆或紙盒裏，放在爐子裏，烘二十分鐘，立刻上席。

（4）飯燴雞（Fowl Stuffod With Rice）　將雞除去腸胃紮緊，放在煨罐裏，加料湯一大碗燒滾。另外用夏布包切碎的洋葱頭二隻，芹菜二枝，還有香菜，茴香，桂葉等香料適宜，一同放入罐中，蓋緊。煑一小時後，加入淘淨的白米四兩，鹽半茶匙，弱火燒之。等米與雞都熟，這些悉數被飯收入。然後將洋葱頭取出，撒鹽以及胡椒少許。把雞放在盆裏，飯就圍雞旁。

(5)烘鵝(Roast Goose)　童子鵝一隻，洗淨，去胃腸，用洋番薯，葱頭，牛酪，鹽，胡椒等做餡，塞在腹中，外用麻線紮緊，塗牛酪及麵粉一層，放在烘盆裏，常用白汁淋上，約烘二十幾分鐘就熟。上席時配以蘋菓醬。

(6)烘鴨(Jame Ducks)　烘鴨以童鴨爲宜。其紮縛，塞餡，及烘法，都和烘鵝同。，不過在上席時，配以橄欖汁。

(7)烤山雞(Pheasant Broiled)　山雞一隻，切塊，撒鹽及胡椒，放在煎鍋裏，加牛酪或猪油，煎之略黃，取出等冷，用饅頭屑及牛酪抹之，在弱火上烤，常常抹上牛酪。大約烤十五分鐘，取出放在熱盆裏，列成金字塔形狀。另外用湯盆，配以披昆特汁(Piguantte Sauce)或別種汁。

(8)炣鴿(Pigeons "En Casserole") 取嫩鴿，去羽毛及腸胃，洗淨。每一隻鴿子，紥鹹肉一片。炣盆中先放二匙牛酪，一只碎葱頭，再加鴿蓋住；放在爐子裏燒十五分鐘，加牛料湯二杯，蓋過鴿面。等燒到鴿酥，大約一小時到二小時，加麵一匙，鹽及胡椒少許，調汁濃厚。

(9)吉列鴿(Pigeons Grilled) 鴿子由背部切開，去腸胃，洗淨，揩乾，紥好，用橄欖油抹之，撒鹽及胡椒，架在火上烤十五分鐘，配以番茄汁或菌汁。

(10)烤鵪鶉(Broiled Quail) 鵪鶉由背部切開，去腸胃，洗淨，揩乾，撒鹽及胡椒，抹牛酪與麵粉，在火上烤十分鐘，配列在牛酪烘饅頭上，用芫荽爲飾。烤鴿子與小鳥，其方法相同。

G　蔬菜烹調法

（1）煨生菜（Lettuce Stewed）　將生菜去泥及根和萎葉，洗淨，紮其葉，放在烘盆裏，加料湯，蓋住，在爐上熬三十分鐘，使酥。取出濾過，以生菜二層疊在熱盆裏。原汁用玉黍粉調厚，再加牛酪，鹽，胡椒攪勻，倒在盆裏，一同上席。

（2）煑椰菜（Boiled Cabbage）　將椰菜切開，去其外葉及硬心，洗淨，濾去水分。燒罐中，先加水及蘇打鹽少許，煑沸，再加入菜，勿蓋住，燒二十幾分，將菜取出。在先是大塊，在燒罐裏加入牛酪，牛奶，麵粉，鹽，胡椒，調成白汁。布丁盆裏放菜一層，上面蓋饅頭屑一層；再放第二層菜，再蓋饅頭屑。如果汁液透出就是熟了。吃時原盆上席。

（3）煑菠菜（Spiuach Boiled）　菠菜去根和梗，洗淨。放在燒罐裏，加水，蓋過其面，再加鹽少許，勿用蓋蓋住，燒十幾分鐘。另外用牛酪，調以麵粉，胡椒，在煎鍋裏調成稠汁，與菠菜一同放在熱盆裏，配以氽蛋或烤饅頭。

（4）蘆筍（Asparagus） 擇鮮嫩者切實，紮成一束，放在鹽水中，燒二十分鐘，使酥透，放在烤饅頭上，配以牛酪白汁，或荷蘭台斯汁。

（5）有餡茄子（Stuffed Egg-Plant） 茄子煑二十分鐘，使之酥透，橫切其近蒂的一端，取出其瓤，捺碎，調以牛酪，鹽，胡椒，仍舊塞在茄子腹中•，或去瓤，塞以肉膾。外面拌上牛酪與饅頭屑，煎到極黃。

（6）有餡辣椒（Stuffed Poppero） 青辣椒揀其嫩者，削去其底，去子和筋，浸在沸水中五分鐘，撈出。用肉膾，饅頭屑，牛酪，鹽，洋葱頭汁，同調做餡，塞在辣椒。每隻塞完，放在烘盆上，加水或料湯，蓋過其面，放在鑪子裏烘半小時。盆中的汁，用豆粉調厚，另用熱盆，把汁倒辣椒旁邊。

（7）黃瓜（Cucumbero）　煑黃瓜去皮與子，剖爲四，在鹽水中煑酥，去水：，再放在奶油白汁中熱透，撒香菜爲飾。

（8）青豆泥（Puree of peas）　青豆在鹽水中煑酥，搽碎篩過，用熱牛酪，牛奶和糖調之，裝成花樣。

（9）栗子泥（Puree of Ghestunt）　栗子去殼，浸在熱水中十分鐘，剝去其衣，放在鹽水中煑酥，搽碎過篩，用牛奶與奶油或湯料調濕。

（10）番蘿（Sweet Potatoes）　番蘿洗刷去泥，放在沸水中煑酥，去水，用布蓋住，擱在熱爐的邊上，約十分鐘，以去水分，去皮上席。

（11）炸番薯球（Fried Potato Ealls）　番薯去皮，用刨刀刨成球形，放在沸油裏炸之，用作配烤肉最爲適宜。

（12）煎番薯（Fried Potato）　煎熟的番薯，用起槽的刀，切之成片，與牛酪一同入煎鍋，煎至兩面黃，如果要脆，拌上麵粉後，再煎。

H　汁類調製法

各式的肴饌，配上好的汁，則味格外鮮美。最簡單的是白汁，可以配多種的肴饌，此外則看適宜的用之。

（1）白汁（White Sauce）　牛酪一匙，煑滾，加麵粉一匙，調五分鐘，移置冷處，添上冷牛奶一杯，攪之使稠滑，用鹽，胡椒調味。

（2）黃汁（Broun Sauce）　牛酪與切碎葱頭各一匙，煎黃，加麵粉一匙，也煎黃。煎時不停手調之；再加以黃色料湯一杯，煑至極厚，用鹽胡椒調味。

（3）蠣黃汁（Oyster Sauce）蠣黃與水同煑，至腮捲時取出，照前製白汁法，用蠣黃的原汁代牛奶的用處，上席始將蠣黃加入。這汁配魚和雞。

（4）辣芥汁（Caper Sauce）白汁一杯，加辣芥二匙。這汁配羊肉用。

（5）芥末汁（Mustard Sauce）麵粉，牛酪各一匙，一同調和，加料湯一杯，芥末二匙，糖醋各一茶匙，鹽半茶匙，一同煑十分鐘。這汁配烤肉烘肉等。

（6）咖喱汁（Curry Sauce）牛酪一匙煑滾，加麵粉一匙，咖喱粉一匙，葱頭汁一茶匙，一同調和，煑十分鐘，再調入牛奶一杯。這汁配在雞和鷄蛋。

(7)旱芹汁(Celery Sauce) 旱芹切斷，大約半杯許，放在鹽水裏煮酥，加白汁一杯。 這種汁配燒雞。

(8)香賓汁(Chanpagne Sauce) 香賓酒一杯，糖一茶匙，丁香，桂葉，胡椒少許，一同煮數分鐘，加黃汁或菌汁一杯，再煮十分鐘，濾清後用。 這汁配火腿。

(9)荷蘭台司汁(Hoillandaise) 牛酪二匙，與打鬆的蛋黃一隻，檸檬汁，鹽，胡椒少許，加熱水一杯，調勻後，放在熱水裏，攪成像厚奶油樣。 冷後配魚肉等。

(10)番茄汁(Tomato Sauce) 牛酪，碎葱頭，紅蘿蔔，各一匙，同煎。稍黃，調入麵粉，加番茄半罐，香菜一匙。煮到茄酥，濾過，用鹽胡椒調味。 這汁配肉類。

(11)菌汁（Mushroon Sauce）　牛酪，麵粉各一匙，煎黃，加料湯一杯，罐頭菌一罐，檸檬汁一茶匙，煮到菌熟，加碎香菜一匙，鹽，胡椒少許。　這汁應該配牛排以及雞。

I　布丁調製法

(1)製果子布丁的簡易法　布丁模子的四圍，先用牛酪抹之。用菓子的多汁者，像波蘿蜜，蜜桃，或香蕉等，切成薄片，鋪在裏面，上加蛋糕一層，再鋪菓片一層，蛋糕一層，相隔到滿模爲止。但是頂上一層，必須用蛋糕鋪的。再將雞蛋打鬆，加牛奶，白糖，調味，用匙將蛋澆在模裏材料上面，以濕透爲止。放在快鑪上，蒸二三刻鐘。上席時另用現成菓子漿，倒在上面。

(2)製粉凍布丁的簡易法　洋菜一兩，用冷水一杯，浸半小時•，另外用牛奶二杯，加糖三匙，燉熱溶烊，加入洋菜，以溶化爲止；卽刻離火。再預備水菓二三種；像去核葡萄，覆盆子，香櫞片，檸檬片等，在離火的時候，加入調和，一同倒在布丁模子裏，等其凝結，倒出，用各種香酒調味。

（3）蘋果布丁（Apple Pudding）　麵粉二杯，加倍肯粉二茶匙，鹽半茶匙，猪油一匙，牛奶二杯，調成厚麵糊；另外拿蘋菓薑，裝在布丁模子裏，大約到模子的一半，以糖膠豆蔻調入，再將麵糊倒在上面，放在沸水鍋裏蒸一小時；配以牛酪他種汁上席。

（4）玉黍粉布丁（Corn-Starch pudding）　玉黍三匙，糖三匙，用鮮牛奶一杯調和，另外備牛奶一杯，煑稍滾，將調成的玉黍粉糊倒進，煑十分鐘，至凝厚，加入打鬆的蛋白三隻，略煑之，卽刻離火。將鑵頭果子，像櫻桃，楊梅，覆盆子等，加入調勻，倒在模子裏，等其凝結，配以果子原汁上席。

(5)麵包布丁(Brcad pudding) 用乾麵包屑或薄片，浸在牛奶裏，捺爛打滑，到在方模子裏，隔一層用葡萄乾鋪之，鋪滿，用蛋黃與糖調勻，加在其上，放在弱火上烘二三十分鐘，倒出，盛在平底碟子，配上牛酪或素布丁汁。

六 雜食調製法

A 糖食調製法

(I)藕粉 買稍老的藕，放在石臼裏，用槌細細擊碎。既碎之後，搬在籃裏，將籃貯入清水桶內攪拌，再將這桶裏的液汁，倒入棉布做的袋裏，濾出液汁，貯於缸中，拋棄袋裏的殘渣。這濾出的液汁，應該常常攪拌，大約兩天•；方能使之沈澱。然後將其上面的清水倒去，把這沈澱再浸在清水裏。大約經過一晝夜，再倒去上面的水，這樣做了幾次，就是良好的藕粉。　山芋粉的製法也同樣的。

（2）桂花糖　在桂花落時，可將花敲幾下，把花聚集在桌上，揀去花柄與雜物後，浸在濃厚的鹽水裏。經過二十幾小時之後，將桂花濾出陰乾，然後用糖拌之。糖的多少並不一定，大約比桂花多就可以了。這樣所製成的糖，其馥郁的香味可以永存。就是糖裏的桂花雖經過長久亦不變。

（3）山楂膏　將山楂去除皮核，每觔加白糖四兩，搗成山楂膏。

（4）浸漬木瓜　將木瓜切去皮，使其煑得極熟。多換浸之，以去酸澀的味道，然後用生蜜煎熬，熬過就將木瓜晾乾，貯藏在蜜瓶裏，雖然經過很長久時間亦不會壞；而且香馥和起初一樣。

（5）糖梅　揀青梅圓正的，用礬湯浸一夜；去礬水，再將醋調砂糖，一同浸一二小時。等酸水抽出，就濾去糖醋水，再用糖浸三四小時，方能放在瓶裏，再把糖加瓶面，用泥封口。

（6）糖炙香櫞　香櫞皮味苦肉酸，不能夠生吃，必須用糖炙之方可。　方法：將香櫞剖開，使其皮肉分離。將皮切成薄片，先在攝氏表一百二十度的水中煑之，以除其苦味。然後濾出使其冷却；待冷却後，與其肉混合，去其核，放在鑊裏；同時加入白糖。糖的數量，每香櫞一斤，糖十二兩；用攝氏表一百四十度的火力煎炙之。大約經過三十分鐘後，可以將溫度漸次減低，到攝氏表七十幾爲止。等水分蒸散，而呈現極濃的膠質形狀，方始可以停火。然後倒進缸裏，等候其冷。冷後取出食之，味甜而沒有酸苦味。

(7)桃酢　把爛熟的桃子，納藏在甕裏，蓋口七天，除去皮核，密封二十七天，就酢成；其滋味，香美可口。

(8)雪花酥　酥油下小鍋烊開，濾過。將炒麵粉隨手放下，攪拌調勻，不稀不稠，掇離火。酒白糖最後放下，在炒麵粉裏攪勻，成一處，拿上桌子捏開，切成象眼塊。

(9)沙團　把沙糖混入赤豆或菉豆，煮成一團，外面用生糯米粉裏作大團，用蒸籠蒸熟，或放在滾湯裏煮熟都可以的。

(10)白蓮片　五六月的時間，白蓮花盛開，採取其初放而沒有疵的花瓣，蘸上雞蛋白和稀麵漿，放在油鍋裏炸之。等顯出微黃色。加白糖在上面，吃了香脆可口。假使用肥大的菊花，照這方法做成，其香味格外濃烈。

(11)玉蘭片　玉蘭花就是木筆花，正二月盛開，採取純白而沒有疵點的花瓣，用麵粉和雞蛋白攪拌成漿，加白糖少許，將花瓣蘸滿麵漿，放在油鍋裏炸之，香脆可口。

(12)香蕉餅　取麵粉調和冷水，將搗爛像泥的香蕉，加入和融，再加黃白調勻的雞蛋和白糖少許，（分量自己斟酌）和作厚糊形狀，納進木質模型裏，壓之就成餅的形狀，然後放在雞油或猪油鍋裏煎之，等顏色發黃，就成香蕉餅。

(13)楊梅餅　用麵包屑兩杯半，泡在一斤牛奶裏，等其軟的時候，再加糖半杯，鹽一小勺，雞蛋三隻，檸檬皮一撮，奶油一勺，用湯勺先攪拌。攪勻後，倒在極淺的洋鍋裏，（鍋裏預先必須擦香油少許。）再放鍋子在微弱的火上。大約經半小時，就可以由鍋裏取出，放在冷石板上。然後将搥碎的果物，鋪在面上，再放在鑪烘炙。見其黃時，用楊梅漿灌在上面，就成楊梅餅。

B　小菜調製法

（I）春不老　揀經霜後的青菜十斤，蘿蔔十斤；（勿用凍過）炒鹽六兩，橘紅三四隻，（須用福橘）炒茴香少許，研成細末。先洗青菜，剝去大叶，攤在通風的陰涼處，或恐菜叶發黃，則可以掛在空中。再将蘿蔔切成條，用麻繩貫穿之。過冬至後，掛在通風的屋簷下，大約經過十幾天，仍舊用冷水洗清，切成長約二三分，稍洒點鹽，放在敞口的缸裏，用力揉之，将菜水倒去。再解下風乾的蘿蔔，放在開水裏泡過，也倒去餘水，取出斷之，像骰子大小。乃將蘿蔔拌菜，仍舊揉緊，第二天裝在罎裏，再洒鹽，並且糁和橘紅，茴香的末。很緊的裝妥，不使空氣進去，上面塞稻草，合覆在陰乾地方，在不論什麽時候，可以拿出來吃。

（2）五美薑　嫩薑一斤，切片，白梅半斤，打碎去仁，炒鹽二兩，拌勻。先晒三天，再放進甘松一錢，甘草五錢，檀香末一錢，再拌晒三天。

（3）皮蛋　先用菜煎湯，投竹叶數片，待溫，將蛋浸洗。每一百個蛋。用鹽十兩，栗柴或青柴灰五升，石灰一斤，醃進罎裏。三天後取出，上下倒換，再裝進。過三天之後，再上下倒換。這樣做三次，封藏一月後，就成皮蛋。

(4)晒淡筍乾　鮮筍去皮切片，放在滾湯裏煑之。煑後晒乾收藏。吃時候用米泔水浸軟，鹽湯煑之，就是醃筍。

(5)醬瓜　採三四寸長，像手指大小的嫩黄瓜，洗淨去刺，曝在太陽下半天，用鹽抹塗。過一夜，再晒半天，投入新製的麵醬裏。經過二星期後，就可以取出來吃，其味甘而嫩，很適胃口。用大黄瓜破開去子而後醬的，沒有這樣鮮美。

(6)四川泡菜　泡鹽菜必須用覆水罎。這罎有一外沿。像暖帽式，四周可以盛水。罎口上覆一蓋，浸在水中，勿使空氣進内。泡菜的水，用花椒和鹽煑沸，加燒酒少許。凡是各種菜都可以用，尤其是以缸豆，青紅椒格外鮮美，並且可以經過長久。然而必須將菜晒乾。假使有霉花，加燒酒少許。每次加菜，必須加鹽少許，並且加酒，方才不會變酸、罈沿外水，，隔天一換，勿使其乾涸。

(7)糟菜　取陳酒糟，每斤加鹽四兩拌勻。將長梗白菜洗淨去叶，架在陰處晾乾水氣。每菜二斤，用糟一斤；菜一層鋪糟一層，隔日一翻騰。待熟挽定上罈，上澆槽。

(8)鹹蛋　用稻柴灰六七成，黃泥三四成；灰泥拌成塊。每三升泥灰，配鹽一斤，用酒和泥塑蛋。將大頭向上，很緊密的排在罈裏。半個月以後，就可以吃。但是含泥不可用水，一用水則蛋白堅實。

(9)瓮菜　菜十斤，炒鹽四十兩，用缸醃之。一層菜，一層鹽。醃三天取出，把菜放在盆裏，揉一次，將菜另過一缸；鹽滷拿起聽用。再過三天，再將菜拿起，再揉一次，將菜另過一缸，留鹽汁聽用。這樣做九次，都放在瓮裏，一層菜上，洒小茴香一層，再裝菜。這樣緊緊實實裝好，將前所留的菜滷，每罈澆王碗，用泥封口，過年就可以吃。

(10)醃五香鹹菜　好的肥菜削去根，與摘去黃葉，洗淨晾乾。每菜十斤，用鹽十兩，甘草數根，用乾淨的甕盛之。將鹽撒入菜裏，排在甕中，放下蒔蘿，茴香，用手按實到半甕，再放甘草數根，等排滿甕後，用大石壓定。醃三天後，將葉倒過，換去滷水，另放在乾淨的甕裏，將滷在菜中。等過七天，依照前面方法再倒，用新汲水渰浸，仍舊用大石壓住。菜味香脆，用花椒更好。

(11)風芥　芥菜肥的，不犯水，晒到六七分乾，去葉，每斤用鹽四兩。醃一夜拿出，每根紮成小把，放在小瓶裏，倒瀝盡其水并前醃出水同煎，取清待冷，入瓶封固。

(12)醃冬菜　不論芥菜，白菜，晒晾到乾燥，切碎。每菜十三斤，用鹽一斤。（假使菜不十分乾燥，每十五斤，用鹽一斤，（如果要菜鹹可以酌量加鹽）加花椒炒過．研末少許，將菜擦透，入瓦罐盛滿，等菜滷滿出爲度。放二三天，看罐内菜滷收入，用稻草打瓣捲緊，塞住罐口，倒放在泥地上使之沾着地氣。一個月後，就可取食，終年不壞。

C　醃臘調製法

（I）香腸　香腸是用豬腸做成的。用半肥瘦的肉十斤，小腸半斤。切肉像棋子大小，加炒鹽三兩，醬油三兩，酒二兩，白糖一兩，硝水一杯，花椒小茴香各一錢五分，大茴香一錢，一共炒過，研成細末．，葱三四根，切碎和入。每肉一斤，可裝五節，十斤肉可以裝五十節。

（2）風肉　取新宰殺猪一隻，斬成八塊．，每塊用炒鹽八錢，細細揉擦，使之沒有地位不擦到，然後高掛在有風而沒有太陽的地方。偶然有虫蝕，用香油塗搽。（週圍抹油少許，不引蠅蚋）夏天取下來吃，先要放在水中一夜再煮，水量適以蓋過肉面爲度。削片時，用快刀橫切，不可以照肉絲順斬。

（3）風魚　用青魚等剖去肚腸，每斤用鹽四五錢，醃七天，取出，洗淨揩乾。在腮下切一刀，將川椒，茴香加炒，擦在腮裏和腹部，外用紙包裹，用麻皮札成一個，掛在當風地方。

（4）冬天醃肉　冬天醃肉，先用小麥煎滾湯淋過，控乾，每斤用鹽一兩，擦醃二三天，翻一度，半月之後，放進好醃糟，醃一二夜，取出甕來，用元醃汁水洗淨，掛在清涼房間裏沒有烟的地方。二十日後半乾濕時，用故紙封裹，用淋過汁與淨乾灰，放在大甕裏。一層灰，一層肉，裝滿蓋緊，放在涼爽的地方，經過一年，仍舊像新的一樣。（煮時用米泔水浸一小時，刷盡下鍋，慢火煑之。

（5）夏天醃肉　每一斤肉，用鹽一兩，將鹽炒熱擦肉，使軟勻後，放下缸裏，石壓一夜後掛起。看見有水痕，就用大石壓乾，掛在有風的地方。

（6）鯉鮓　鯉一斤，用鹽一兩，醃一伏時期。然後洗淨晒乾，布包住用石壓，加熱油五錢，薑橘絲五錢，鹽一錢，葱絲五分，酒一大盞，飯粉一合，磨米拌勻，放在瓶裏，用泥封口，十天後就可以吃。

（7）醉蟹　九十月的時候，揀團臍的大小合中者，洗淨擦乾，用花椒炒細鹽，納進肚臍裏，用麻皮四週紮住，藏貯在罈裏，罈底放皂角一段，加酒三成，醬油一成，醋半成，浸蟹在裏面；滷必須要和最上層並齊。每層加飴糖二匙，鹽少許，等裝滿之後，再加飴糖，然後用膠泥緊閉罈口。半個月後，就很入味。

(8)醬肉　瘦肉四斤去筋骨，用醬一斤半，研細鹽四兩，葱白細切一碗，川椒，茴香，陳皮各五六錢，用酒拌各粉并肉如稠粥，放在罈裏封固，晒在猛烈的太陽下。過十幾天之後•，啓蓋察看，乾再加酒，再加鹽。

(9)　糟蟹　蟹久留及見燈光都沙。但是在糟時候用皂角一寸，放進瓶裏，那末就不會沙•，或者用吳茱萸少許，納入瓶裏，經過一年也不沙。

(10)酒醃蝦　將大蝦洗淨，瀝乾，剪去鬚尾，每斤用鹽五錢，淹半天。然後瀝放在瓶裏•，每一層蝦，放花椒三十粒，以椒多爲妙•，或用椒拌蝦，裝進瓶裏，也可以裝完。每斤蝦用鹽三兩，好酒化開，澆在瓶裏，封好泥頭。在春秋五六天，在冬天十天就可以吃。

(11)糟蛋　鴨蛋輕輕敲其外殼，用好燒酒和鹽浸之，過五十天後拿出，用甜酒糟加燒酒和鹽，蛋與糟隔着，貯藏在瓶裏，用泥封固，罈口加一盆覆住，日晒夜露，一百天就可以成爲美味的糟蛋。

(12)魚醬　用魚一斤，洗淨切碎後，用炒鹽三四兩，花椒一錢，茴香一錢，乾薑一錢，神麯二錢，紅麯五錢，加酒調勻，拌魚在磁瓶裏，封好後，十天就可以吃，吃時加葱花少許。

(13)蝦乾　蝦用鹽炒熟，盛在飯蘿裏，用井水淋洗，去除其鹽，晒乾，顏色紅而不變。

(14)醃蛤蜊　用爐灰入鹽醃之，味好且不開口。要卽刻熟，放在太陽晒之。

(15)醬鷄蛋　鷄蛋帶殼，洗得極乾淨，放在醬裏，一月之後就可以食，取裏面黃生而食。

(16)夏天凍肉　肉每斤用石花菜四兩，一共煮熟，等肉冷後，就凍結。

七　粥飯點心調製法

A　調煑粥飯的常識

中國人以粥飯爲主要的食糧，但煑粥煑飯須要相當的經驗與方法。一不得法，不是太乾，便是太爛，甚至枯焦。所以煑飯的技術，比製菜還重要。飯又分爲稀飯，乾飯兩種——北方人稱粥爲稀飯——乾飯又可以爲白飯，豆飯，菜飯，炒飯，煲飯幾種。粥也可以分爲白粥，菜粥，泡飯，鹽泡飯幾種。現在分說在下面。

（一）白飯煑法　白飯一種，亦有種種的名稱，如蒸飯，齊水飯，神仙飯，淘飯等。蒸飯是將白米洗至三四次後，多加水量，先用猛火將米粒煑開，再加入冷水，用竹杓把米撈起，拿竹蒸籠一個，籠底鋪白布，把撈起的米粒，平鋪在蒸籠裏，再將蒸籠擱在鍋上，隔水蒸煑，這時水中所留下的米粒，可以煑成白粥，蒸飯時間約需一小時。齊水飯煑法是將米洗淨以後，倒在鍋中加溫水，用手將米擄平，使水線高出在手背以上，將鍋蓋閤上，先用猛火燒煑，將米粒燒開，再用緩火燒約半小時，將柴火退出，（不可斷火種）使飯在鍋中悶一刻鐘，便可吃。——普通煑飯都用這個方法，但水的多少，須看米性，大概圓頭米少漲力，須少放水，尖頭米有漲力，可以多放水。——又煑齊水飯時，可在鍋口擱一蒸架，將易熟的菜——如燉蛋蒸魚等——或冷的熟菜，排列在蒸架上。蒸熟神仙飯是把白米洗淨，盛在碗内或筒内，加水，使水高出米上約半寸多，再盛米的盌或筒，在蒸鍋中蒸熟，用猛火約煑一小時，便可吃。每一盌可供一人一餐，如要供給多人，可多裝幾盌。淘飯是拿白米洗淨以後，用熱水泡，約一二小時再撈出，鋪在蒸籠裏，好似蒸飯一樣的方式，蒸過一點半鐘時間，便可吃。但淘飯的米粒十分堅硬，愛吃硬飯的人，原是十分適合的。煑飯之先，必須將米洗淨，倘然熱水泡過的米，不可再洗，一洗米便腐爛了。

(二)豆飯　用青荳剝去莢殼，和米一同入鍋，加鹽少許，方法和煑飯相同。如是老豆，須先將豆和水煑滾，再和米同煑，也有將豆肉和肉粒同入飯中煑熟的，稱爲豆仁飯。一升米和以七八合豆同煑，又煑豆飯須粳米糯米各半，相和吃時柔軟有味。

(三)菜飯　未煑飯前，先將青菜加食鹽少許，入油鍋中略焙，再和米加水入鍋，煑法與煑白飯相同。

(四)炒飯　炒飯便是將各種葷菜材料和飯混合炒熟，例如蛋炒飯，蝦仁炒飯，肉絲炒飯等，炒飯用的飯是已煑熟的白飯，倘是蛋炒飯須先將熟猪油將飯炒熱，再將已打和配好味料葱花或加火腿粒的生鷄蛋，倒入飯中炒熟。如蝦仁炒飯等，卻須先將蝦仁炒熟，再加入飯同炒。

(五)煲飯　用有長柄的銅質飯罐；在灰火上或煤火上將飯罐四面轉動着，煑熟的飯，稱爲煲飯。

(六)白粥　例如量白米一升。可和水三升，先用猛火將米粒煑開，再用慢火煑約一小時半，在熬煑的時候、切不可用器物在鍋中攪動，晉通人怕煑粥時鍋底的米容易焦枯，便常用羹匙攪動，却不知道米質濃厚，愈攪動那上下的空氣便愈不通，反使容易焦枯，煑粥的米。在下鍋以前，須洗五次。洗米須用溫水，用手洗搓，待米粒已煑開時，鍋蓋不必緊閉，緊閉鍋蓋。米湯便要噴出鍋外。又煑開米粒後，祇須用慢火，使常保一百度溫度便好。

(七)菜粥　將米水如煑白粥方法，倒入鍋中煑沸，再將已切細的青菜和入，略煑十分鐘，再加味料，或先煑菜，後下米同煑。

(八)泡飯　將已煑熟的飯，加三分的水煑成的，便是泡飯。泡飯的湯比白粥的湯清薄，米粒比粥粒堅硬。

(九)鹽泡飯　泡飯加上各種葷或素的菜料同煑，便成鹽泡飯。

B　調製點心的方法

一　中國點心調製法

湯麵製法——用鷄蛋白調在麵粉裏，又用冷水和麵粉成塊，再把粉塊滾成薄麵皮，拿刀將麵皮切成細條——或寬二分的帶，稱爲脚帶麵——將此麵放入沸水裏，待一次沸過，連湯取起，便成湯麵。湯裏可以任意配和味料，或另加煑熟的魚肉，鷄肉片，火腿片等，如是菜下麵，須先將菜在湯中煑熟後，再將麵放下去。　拌麵製法——把麵在滾水中煑時，用長竹筷攪動，待熟後撈起，再用冷水淋過，再在沸水中略煑，撈起濾乾，放在盤中，將味料或已煑熟的菜拌着吃。在夏天待麵冷後再拌吃，稱爲涼拌麵。　鰻麵製法——用大鰻魚一條，蒸爛後，去骨，用鷄湯和入麵粉中揉勻，滾成麵皮，切成麵條，再加火腿湯或鷄湯煑吃。簑衣餅製法——用冷水調勻乾麵，不可多揉，將濕粉滾成薄皮後，捲成條形，再滾薄，用猪油白糖調勻，再捲成條，再滾成薄餅，用猪油煎黃便成。

燒餅製法——拿濕麵粉滾薄作餅，形用松子或敲碎的胡桃仁，加糖及猪油和成餅餡，包成糰子，揿扁成餅，餅面鋪滿芝蔴，在火中烤到兩面焦黃爲度。

酥餅製法——拿熬熟凝結的猪油一碗，開水一盌攪勻，再和入麵粉裏，儘量揉揑，分成團子形，和核桃一般大，另拿蒸熟的麵粉，和入猪油，搓成團子形狀，略小一圈，拿熟團子包在生麵團子裏面，壓成長圓形的餅，長八寸，寬二三寸，再折疊成碗一樣，包入餡子，做成餅烤熟。

猪油糕製法——拿純糯米粉拌猪油，放入盤中蒸熟，加冰糖搥碎和進粉裏去，蒸熟後，切成斜方塊。

肉餃製法——拿濕麵粉分成胡桃粒一般大，再將粉滾薄，另把猪肉斬成細末，加醬油葱花做餡子，將麵皮包成半圓形，或在湯中煑熟，或在蒸籠中蒸熟。

水粉湯團製法——用水將米浸胖，磨成粉，又用這水粉製成湯團，將松子，核桃，豬油，白糖，做餡子，或用斬腐的肉味料做餡子，搓成團子，在寬湯中煮熟。（水粉製法，是把糯米在水中浸一日夜，帶水磨成粉，磨時在磨口上接一個布袋，濾去了水，又將粉晒乾應用。）　粽子製法——將上等糯米淘淨用大箬葉包，中嵌火腿或豬肉一塊，或豆沙包生豬油一塊做餡子，包成長方形，用麻繩紮緊，在鍋子裏悶緊煨一日一夜，不可立刻取出，待灶中火種完全熄滅，鍋中熱度減退時纔可取出。　藕糕製法——拿頂好的藕粉，用清水調勻，如稀漿腐的形狀，加入白糖及薄荷——最好將薄荷葉泡水代清水用——桂花等在鍋中煮沸，隨沸隨攪，待漸厚，倒入磁盆內，又將盆坐在冷水中，隔數小時後，凝結成固體，用刀切成小方形，冷時吃着十分涼爽。（又荸薺糕是同樣製法的。）　藕餅製法——用一缽將生藕刨成絲，（另有專刨絲的器具，市上各處都可買到。）藕絲藕汁混合入缽中，再加麵粉白糖，略加水調和成不厚不薄的漿，另起油鍋，將二匙藕粉煎成一餅。茄餅製法——將茄子切成絲，再用手揉搓，使茄子水流出，便將此茄子水和以麵粉及薑絲食鹽等。如製藕餅方法，將茄粉煎成餅。香蕉餅製法——用冷水調麵粉，又將香蕉去皮搗爛如泥，與麵粉調和，再與黃白調勻的雞蛋調和，加白糖成厚漿糊的樣子，倒入木製的模型裏面，壓成餅的樣子，用雞油或猪油在平底鍋中煎成餅。楊梅餅製法——用麵包屑兩杯半，泡在一斤的牛奶內，待麵包屑軟後，再加糖半杯，加鹽小半杓，雞蛋三枚。檸檬皮一撮，奶油一勺，用湯勺用力攪勻，又倒在極淺的洋鍋裏面——鍋中須先擦少許香油——用微火燒鍋，約半點鐘以後，再從鍋中取出，放在冷石板上，再把搗成碎末的果物，鋪在餅面上，又拿到爐上面去烘，見成黃色，把楊梅漿倒在餅面上便成。

油煠蛋餅製法——拿六枚鷄蛋，磕在碗中打勻，加薑米糖酒醬油少許，又加冬菇蝦米干貝絲，——將干貝絲盛在盌中加水，先在鍋中蒸軟，連水都和進在蛋裏，先在鍋中將油熬熟，將蛋倒上去，片刻卽翻身，再煎成黃色，將鏟壓去油質，刀切成塊便成。

炒掛麵法——將掛麵放入沸水裏，隨放隨取起，再放在冷水裏，取出用葷油炒着，炒成團後，便用醬油蝦子湯少許倒下，那麵團自然解散。

白蓮片製法——夏季白蓮花開時，將初放開沒有瘢點的花瓣採下，用鷄蛋白及麵粉調成薄漿，把蓮花瓣調漿在油中炸黃，再加白糖便可吃。——一切菊花片，玉蘭花片，都是同樣的製法。

高麗蘋果製法——用麵粉和水成漿，加入鷄蛋白攪勻，又將蘋果切成小塊，中裹豆沙，外包網油一層，浸入麵漿中，取起在油中煎着，便能漲大鬆脆。（倘將蘋果孜用猪油便成高麗肉。倘換上香蕉，便成高麗香焦。）

湯包製法——湯包要皮薄餡細湯多，先把鮮肉斬成肉餅，另加洋菜在肉湯中煑成濃汁，待涼後，和入肉餅內攪匀，再用冷水激成凍形，拿來做餡子，一經在蒸籠中蒸熟，那肉凍盡變成湯。又把陳海蜇末少許，和在肉裏面，一經蒸熱，也能化湯。

餛飩製法——白麵一斤，鹽三錢，加水搓揑成濕粉，再摘成小粒，用麵桿滾薄，切成方形，包肉腐成小朵，在寬湯中煑熟，又加猪油醬油在湯中便成。

（二）外國點心調製法

普通雞蛋餅——溶猪油一大匙於鍋，破二雞蛋攪之，流入鍋中，別以雞肉或牛肉五錢於乳油中煎之，切為細末納於石鍋，拌勻烤之，烤時須先向翻，次內外翻，以其形如木葉而止。

甜雞蛋餅——爲茶果之二種，雞蛋六個，黄白分置兩器，先攪蛋白發泡乃以蛋黄和入，用乳油一大匙於油煎鍋中沸後，以蛋注入烤法如普通雞蛋餅，入器後，以刀縱切爲二，切面塗以覆盆子或蘋果之醬，其四圍注上等白蘭地酒燃火烘之。　蛋白糕——預備鷄蛋六個糖一盃半，猪油半盃，六穀粉一盃，麵包屑一盃半，葡萄酒一匙，檸檬汁一匙，先用糖及油調和之，再置鍋中稍熱，乃放牛乳粉及葡萄酒，調和後再投六穀粉，乃以蛋白（蛋黄不用）拌勻，（但蛋白須另用一鉢打透至以箸插之能直立乃止）先以一半注入拌勻後再以一半注入，加檸檬汁後用洋鐵蒸盤，先塗猪油，將前項物料注入盤內，於鐵灶上烘之，至半熟，糖菓子等爲之裝飾可矣。　白塔蛋糕——預備雞蛋三個，白糖一盃半，熟猪油半盃，牛乳半盃，麵粉二盃，葡萄酒一匙檸檬汁一匙，先以糖及猪油調和之，乃將一蛋連黃連白打入，拌勻之，再以一蛋打入，拌勻之，又打一蛋乃以牛乳注入，再注檸檬汁四滴，後置粉攪拌，入葡萄酒適量。

芥倫子蛋糕——預備猪油雞蛋糖粉，（四者分量相等）另加芥倫子（即葡萄乾）半盃，玫瑰花露半小匙，葡萄酒一小匙，先以糖與油調和，再以蛋黃注入，再置粉及葡萄酒檸檬汁，蛋白另以鉢頭打透，再加芥倫子少許，入模型或淺盆中烘之。

諸古律鷄蛋糕——（原料）白糖一磅，麵粉六兩，諸古律糖一酒盃半，鷄蛋八枚。（製法）取蛋白置碗中以筷打至十分鐘久，至蛋白質成粘性而起泡花，可以停打，加白糖麵粉和諸古律粉於蛋白上，仍以筷拌勻之，拌畢，傾入洋鐵蒸籠，（凡參和之物稀薄而成流汁者，須用洋鐵蒸籠，厚靱而不流者，概以竹絲籠蒸之）蒸至三刻鐘，糕熟起籠，先於平直烘糕器，敷薄油一層，而後取籠中之糕，置諸烘器，用烈火焙之，不時翻着，待糕黃而發鬆，所含濕氣似乎全乾，（濕氣由蒸時所致）即可離火，冷至半熱，切而食之香氣滿鼻，味美不勝言。

杏仁餅——（原料）鷄蛋二枚，白糖一磅，取四分之三，麵二匙炒杏仁一磅半，生杏仁二兩，（製法）將雞蛋去殼入一磁盆，用筷調勻用白糖傾入磁盆，再加麵粉二羹匙攪勻，另將臼擣碎，至成細末爲度，傾入盆内，與白糖雞蛋麵粉調和，取一有花紋烘器，抹奶油一薄層，每製一餅，將盆内混和之物，傾一調羹入烘器，用文火烘之，入爐之後，須時時翻看，至餅脆發黃色，則可離火，此乃印花餅製法，如餅面不印花紋，可於烘器上舖白油紙一張，（紙須較餅稍大）將盆面之物傾於紙上，（每傾約一匙之譜）焙法如上述，可不再寫。

印度鷄蛋糕——（原料）印度麵粉（或尋常麵粉亦可）一品脫，牛乳一品脫，鷄蛋二枚，奶油一調羹，番紅花汁一調匙，食鹽一小撮，（製法）取一闊口甑，置於桌上，將麵粉食鹽奶油入甑參和，另取牛乳半品脫，入鍋煑沸，餘一半以碗盛之，將鷄蛋打破與番紅花汁一同加入牛乳碗內，用筷子攪和，再將煑沸牛乳，傾入甑中傾後，卽與麵粉食鹽奶油拌勻，拌時，愈速愈妙，否則麵粉成粒，不便製糕，待甑內之物冷透，將牛乳碗中混和物，傾入甑中調和，然後入籠蒸之，蒸將熟，再入烘器，用文火熯之，待糕乾鬆卽可離火，用以請客須成方塊，此法從英人傳自印度所以名爲印度鷄蛋糕。

八　飲料糖醬調製法

A　飲料調製法

（一）　液體飲料調製法

(1)咖啡茶　先將咖啡末倒在壺子裏，加熱煑滾，大約三分鐘，倒出濾清，使香味不致於消失。還有一種方法，將咖啡裝在法蘭絨袋裏，放在濾器裏，上面冲進滾水，則咖啡就點濾而出。再加糖調勻就成。

(2)可可茶　用可可粉二茶匙，糖三茶匙，牛乳少許，（牛乳用裝聽煉乳）冲開水調勻就成。（市上所發售的可可以及咖啡茶，是用糖和可可以及咖啡做成，其外形是白色；用時祇須開水冲開就可以了。）

(3)荷蘭水　荷蘭水的配合，是用水一〇〇分，酒石酸五分，蔗糖十分，重炭酸鈉（就是小蘇打）五分，檸檬油數滴。方法將配合物放入有球塞的玻璃瓶裏加水倒轉其瓶　那末這球塞就緊閉瓶口。或者用涼水，（煑沸後等涼。）蔗糖，檸檬油，酒石酸等先倒在瓶裏，然後再加重炭酸鈉，方將瓶倒轉。或者不用瓶，就冲在杯子裏也可以的。

(4)檸檬水　做檸檬水三杯，大約用檸檬二隻，去絡去水，切成薄片，拌蔗糖二兩，加滾水蓋住，候涼濾過，並且搾取其汁，酌加薑啤酒一杯許。在就飲的時候，杯裏浮檸檬一片或數片。

(二)　冰凍飲料調製法

(1)冰淇淋　先將牛奶四杯，隔水煑熟，再將蛋黃六隻打鬆，與糖一杯，一同調勻。調至已經混和，然後倒進煑的牛奶，放在隔水鍋裏煑之，不停手調着；注意勿使煑沸，到能黏凝匙上爲度，當卽離火，加入奶油四杯，維尼拉香水或櫻酒一匙。調至半冷，裝在冰桶裏凝結。

附冰桶裝製法　要做冰淇淋，必須預備冰桶一隻，桶分兩層；外層是木製的圓桶；內層是鉛做的圓罐，罐莖比桶莖大約小一半。罐裏裝冰淇淋原料，其口用蓋蓋密；上面連有曲柄，可以搖動。桶的四周，裝進冰塊。假使要溫度降到冰點以下，每加冰三寸，食鹽一寸，逐層冰鹽相隔，到離罐頂一寸許爲止，勿再裝上，必須使冰鹽在罐蓋之下；否則，恐怕冰融而水流進罐裏。裝置完畢後，將曲柄搖動，鉛罐就在冰裏旋轉。大約搖二十分至三十分鐘。到末來搖轉應該急，那末冰結越細。假使要做成各種形式，就可以倒入模內裝成的。

（2）冰菓汁　清水四杯與糖漿二杯調融，煮十分鐘，再加檸檬汁六隻（或橙子汁）以及維尼拉香水，（或者不用香水也可以）一匙調和，像前面方法的放在冰鹽裏，那末就凝結成冰。

附糖漿製法　用糖四分，水一分在鍋裏加熱溶開，到糖溶化，再熬十分鐘，離火澄清之，去除其不純潔的沉澱，就用瓶密儲，以備做冰淇淋以及冰果汁的用處。凡是用糖漿，比之直接用糖，其味細滑而鮮美，

（3）菓子凍　先將洋菜一兩，在冷水裏浸一小時，再將糖四兩，和在沸水兩碗裏，加檸檬數片，放在乾淨鍋裏煑幾分鐘，等糖已經溶淨，方加入洋菜攪拌之，以洋菜溶化爲度，趕快從鍋裏拿出，濾去檸檬皮以及洋菜中不純粹的雜質，到半冷的時候，和入濾清的檸檬汁，徐徐倒進在模子裏，外面圍上冰，那末凍結很快。其他像橙子凍，香賓酒凍等製法都是一樣。

（4）果汁凍　蘋菓（或山楂）連皮切成薄片，去心，加適量的水，以浸沒果肉爲度。然後用弱火煑之使軟，用布絞取其汁，候冷濾之。再用冷水調藕粉，一同煑之透明，加白糖調融，倒在碗裏，用蓋蓋密，放在冰或冷水裏，大約經過一二刻鐘，就成菓汁凍。

B　糖醬調製法

(一)　菓醬調製法

(1)蘋菓醬　蘋菓醬就是蘋菓汁和蘋菓煎熬而成的。做的時候，應該買裝瓶的甜蘋菓汁和容易煮爛的蘋菓。先把蘋菓洗淨，削皮去子，並且將損爛地方割去；再把每一隻蘋菓切成四塊。這時候可以先將蘋菓汁倒進洋磁鍋裏，讓他沸煮，等到菓汁煮到一半，然後再將蘋菓倒下，用急火熬滾，使那些蘋菓迅速酥爛，不致沉於鍋。燒了一會，那蘋菓就慢慢的厚膩起來，火力也就應該減退。那時最好用濾器把已煮的蘋菓清濾一次，（普通的濾器是金屬的；就是一種有洞塗洋瓷的勺斗，假使不便用粗紗布代替亦可。）以使將殭硬不化的菓肉濾去，使菓醬容易和勻。既經濾過之後，可將菓醬盛在一隻瓷鉢裏面，再把鉢放在烘灶裏去烘；烘時應該用緩火，并且用鏟刀攪動，每十五分鐘攪動一次，一直到菓醬凝結爲止。至於加糖，可以在攪動的時候，陸續加下•，但是不可以太多。

(2)梨醬　將梨洗淨切塊，可以不必把皮和子削去，就能煑燒。等到煑爛後，用濾器清濾，濾出來的梨心和子，可以丢去。這時可以將燒爛的梨肉，盛在鉢裏，把糖和入。糖的多少，大概照梨肉的一半，假使要加香料，可以趁此攙入。調和好了，再用緩火煎熬，等其慢慢的凝結。熬時也必須要攪動。

(3)桃醬　將桃子用水洗過，再用濕布逐一揩擦•，必須要將皮外的細毛完全揩去•，然而不必去皮。煑時稍加一些水，須要用洋瓷鍋，火力應該緩慢，一直到酥爛，可以把它盛起，放在濾器裏面，用東西壓榨，使桃肉濾下•，而濾存的桃核與皮，則可以丢却。濾過後就可以和糖•，甜味以適口爲度。然後再用緩火煎熬，隨時攪動。等它熟凝的時候、顏色是很鮮豔的，裝在玻璃瓶裏，十分好看。但是做桃醬，是不着什麽香料的。

(4)香瓜醬　香瓜應該揀其全熟的。先把它去皮和子瓤，然後切成薄片。燒時和些水，也要用洋瓷鍋。既酥之後，再將香料和糖調和倒入。大約每一夸得瓜肉，應該和糖半小杯以及檸檬汁肉桂末少許。調和完畢後，須要依照前面方法，用緩火煎熬，等它厚凝爲止。

(5)葡萄醬　將葡萄洗淨去皮，但是皮仍有用處，應該盛在另一隻盆裏，不能和葡萄肉併合一起。這樣分開放着，過了一夜，到第二天早晨，就把葡萄肉放在瓷器鍋裏煮燒，以滾爲度，隨卽用濾器濾去殭塊和子，再把葡萄皮加進，和肉調和。然後。把和味品，糖攪下。大概每五品脫葡萄肉，應該和紅糖四品脫，丁香末和肉桂末各兩匙，調和既完，重新再燒，燒過一小時，再加酸醋一杯。這時候應該隨燒隨攪，以便能慢慢的凝結，不致於焦黏。

（二）　糖菓製造法

（1）杏仁糖　取黃糖一磅，加水一滿杯攪拌勻後，放在爐上燒滾，停攪。二三分鐘加去皮杏仁半磅再攪，與糖調和到糖變深黃色爲止。即刻就倒在鐵絲格上，待冷後，分切成塊。

（2）薄荷軟糖　取藕粉三兩，加冷水一升的四分之三攪勻，再加白糖一磅煮燒。十分鐘後，去火攪之到冷爲止，加薄荷精數滴，拿一塊出來，滾成圓球，放在大理石板上，石板必須先塗脂油，免得糖粘在上面，冷後放在冰糖屑裏滾轉就成功了。

（3）乳酪糖菓　拿粒狀糖二磅，放在火上的鍋裏，再拿水一小杯倒入，讓它燒了八分鐘，漸漸厚了，切不要動它。到了一定的時候，可以拿筷子挑一點兒，放在食指和大姆指的中間，然後拿兩指分開，中間的糖成了一條線，那就表明這個糖已經好了。立刻要盛起來放在碗裏，當熱的時候，拿木杓攪動，免得面上結皮。冷後，加些蘭香汁和覆盆子果油等，再加些洋紅，使一半成淡紅色，糖菓就成功了。

（4）可可軟糖　拿糖類的混合物，用手搓成圓形，放在油紙上面過二十四小時；另拿可可粉四兩，放在隔水鍋裏燉烊，加水二滿匙，冰糖二兩，攪和，再加牛油一小塊，乳酪幾滴，拿糖球倒下炒和，拿叉盛出，放在油紙上待冷。

（5）椰子球糖　白糖半磅，和水半小茶杯，放在鍋裏燒熱，不可攪動，等到拿糖漿滴在冷水裏，有裂聲爲止；再拿椰子一兩攪入。拿出一塊搓成圓形，就是椰子球糖。

(6)大麥糖　沙糖一磅，和水一茶杯半，加酒石少許，燒熱用杓取出少許，放在冷水裏；倘然糖漿已經發脆，可以卽刻加檸檬和番紅花少許，燒到華氏表三百度，取出倒在面上略鋪油的石板上，剪成條形，用紙包之。

(7)蘭香硬糖　塊糖一磅，葡萄糖三匙，水一小杯，調放在鋁鍋或錫鍋裏煑燒；須常常攪動。用冷水試驗，如果已脆，加乳酪四分之一升，牛奶油半兩，再燒，常常攪動；等到滴在水裏發脆爲止，就加入蘭香汁倒在油石上，切成小塊，用油紙包住。

(8)杏仁糖果　杏仁半磅，去皮切碎，在火爐上烘乾；取糖四兩，檸檬汁一匙放在鍋裏，燒熱用木杓攪勻。等到稍變顏色，再將杏仁放入，倒在大理石上，用刀劃成方形，乾時裂開成塊。

(9)土耳其糖　取動物膠質（各藥房裏都有買的）一兩，溶在一茶杯的冷水裏，和上一磅糖精，一隻橘子，一隻檸檬的汁，同時放在鍋裏燒滾三次，煎了二十分鐘，糖質漸厚，另外拿一隻塗了油的湯盆，把鍋裏的糖漿倒下一半，其餘一半，加紅花汁數滴，使它成爲淡紅色，倒在盆裏。先前的一半上面等冷凝後，稍熱湯盆，把糖倒出，放在鋪滿冰糖屑的紙上，切成方塊，然後裝進鐵罐裏。

九　燃料使用法

A　柴薪的選擇法

柴的最良好者祇有櫟。櫟的可以取做燃料者，不但是因爲它的火力强，是取它不同於杉松的全體燃燒而容易燼。櫟的燃燒，常常從柴的這一端，慢慢燒到柴的那一端，所以沒有浪費的火力，最能省費。再次要算楢以及山毛櫸，和櫟有同樣的特徵，亦是好的燃料。如果像赤松黑松等，因含脂過多，燃燒極容易，祇有一時驟然火旺，而致於火焰騰出於灶外，實在不經濟。倘然櫟與楢並用，那末，效力比較多。凡是選擇薪柴，不拘何種材料，都可用的，但是勿用其過分枯燥的，枯燥的薪柴，雖然分量輕而易燒，然而木材的樹脂分，已經散失，容易燒的容易燼，所以火力不强。倘若爲分量而取之，恐怕結果必定多損失。還有木材從截倒後，約經三個月乾燥而未枯的，最爲適用，

B 炭的選擇法

炭的良好與否，是因爲木材和燒法的不同。現在先從木材而說，則有櫟炭，柞炭，楢炭，松炭，雜炭，桴炭等許多種類。　櫟炭，是用櫟樹燒成的；火力最强，時間亦最能耐久。因此炭類作烹飪之用的，以這種爲最好。浙閩兩省所產的櫟炭格外好。　柞炭，是用柞樹燒成的。火力和時間，與櫟炭差不多，以山東所出產的最好。　楢炭，是用楢樹燒成的，火力亦强，但時間不長，適合於短時間煑物的用處，假使需要長時間的火力者，那末，就不適用了。　松炭，是用松樹燒成的，但著火很容易。其火力和時間都不充分。　雜炭，是用雜木燒成的，做普通煑物的燃料，亦很適當。　桴炭，是燃燒後的炭，放在消火罈中而成的。最易着火，所以常常用做引火的媒介。　炭爲節省經濟起見，須在炭未用之前，仍將原簍中放着，然後用熱水澆淋；那末，着火時，灰屑不飛，着手不黑，不但其火力可以增强，而同時時間亦可耐久。

C　煤的選用法

煤，有無煙煤，黑煤，褐煤，泥煤四種。　無煙煤俗稱白煤，呈現漆黑色而有金屬光澤，含炭素最多。火力强而沒有煙，適合於鎔融金屬的用處，亦適合廚房烹飪以及冬天火爐的燃料。　黑煤質緻密，光澤像樹脂。含炭素的量與火力的强，都比無煙煤效力小。但發多量的煙，點燈與燃料用的煤氣，就是這乾溜而成的，　褐煤，是黑褐色，有木理可以認清、燃燒之後，發煙極多，火力也不及上面兩種的强，常作爲普通的燃料。　泥煤，像泥形狀。燃燒之後，有多量的煙和不快的臭氣，是最劣等的煤。但是用作燃料，取其價廉。乾溜溜亦可得强火力的煤氣。

我們在家庭所用的煤，以褐煤爲最多。選擇的方法，務須採取其色真黑，堅實而有光澤者爲上好的。如果是脆而易碎多零屑的，那末，這就是劣品。

D　煤油的選用法

煤油，是從地中湧出的原油精煉而得。去除其揮發性的非常强者與非常弱者，取得其中間蒸出的油，方才適合於點燈的用途。近來煤油，除作點燈用外，還可以作種種的燃料；像汽船汽機等，也用煤油做燃料，以發生動力；所以煤油的用途極大。還有廚房所用的打氣爐，煤油爐，（就是普通所稱爲洋風爐。）以及房間裏所用的煖爐，也是用煤油做燃料。煤油因爲它的火力很强，取用輕便，所以不能得煤氣與電力供給或無力用煤氣與電力的，那末，用煤油是很經很便利的。鑑別的方法，其精製的，看起來像沒有顏色。假使含有其他雜物的，放在玻璃器裏透視之後，則帶黃色，其反射光則呈現淡紫色。煤油在我國出產很富，但是製煉不精良，所以普通採用的，反而是外來的舶來品。煤油以美孚公司的鷹牌煤油爲最好；亞細亞公司的虎牌次之。除此以外，粗製的煤油，光力弱而發烟多的，不適合實用。

E　焦煤選用法

焦煤，是由專門煉成的爲最上等；假使是從自來火廠蒸溜煤氣所得的焦煤，比普通的焦煤爲劣。這兩種的價值，相差很遠，所以要留心辨別。普通的焦煤，其顏色是白鉛色而有光澤，氣孔小而堅硬，打之則發出和金屬相彷的聲音，而以沒有斑駁的爲格外好。蒸溜煤氣所得的，大概軟而易碎，所以焦煤須選擇其堅緻的，而且大塊的。但是從乾溜中出來的大塊，雖然大亦是不好的。專門煉成的，在市上叫做焦炭•，蒸溜所得的，在市上叫做熟煤。焦炭的價格貴，而熟煤的價格比較賤。這兩種用途，前者適合於翻砂廠採用，後者適合於廚房或菜館採用。

F　煤球選用法

煤球是由無煙煤的碎屑和黃泥製成的。它不論在經濟方面便利方面以及其他方面，都要超過旁的種種燃料。所以在現在市面不景氣和社會經濟恐慌的時候，這煤球是很適合作爲廚房或其他的燃料。　煤球有家用煤球與柏油煤球兩種。其中家用煤球又有用麵粉和黃泥做的分別•；不過因麵粉成本的昂貴，因此現在這種煤球已經沒有了。　煤球的鑒別。柏油煤球沒有什麼區別的。家用煤球要看其光潔堅硬，而稍帶有透光的爲最好•，假使鬆而易碎的，就是劣品。　市上所發售煤球牌子很多。其中要算中華煤球最好，不但是堅硬光潔而有透光，並且火力的强，可以超過任何的煤球，其原因是因爲原料成分純粹而多，而且機器的製成又與其他煤球廠不同。所以中華煤球是煤球中最精良的。

G　省儉燃料的選用法

燃料，因其火力有强有弱，在經濟上的價值，很有關係的。現在舉出各種燃料的發熱量在後面，以作爲參考。

燃料	發熱量	燃料	發熱量	燃料	發熱量
黑煤	七五〇〇加羅里	焦煤	七〇〇〇	楢炭	六七〇〇
堅炭	六二二〇	雜木炭	六二二〇	煤球	六二〇〇
松炭	六一四〇	褐煤	五四〇〇	泥煤	四八〇〇
赤松	三八〇〇	黑松	三〇七〇	檞	二七五〇

所謂一加羅里，是用一克的水，昇攝氏表一度的溫度所要之熱量。

這表所揭示出的，是說黑煤一克的熱量，能使水一克，昇至七千五百度的熱。換一句說，就是黑煤一錢的熱量，能使七兩五錢的水，昇到一百度的熱。其餘照這張推算。統計本表的觀察結果，就各燃料所發的熱量相比較，那末要算用黑煤最爲合算。實際黑煤的價值，雖比較木炭木柴爲貴，但是火力最强，使用於用煤的灶，又是很便利。所以在都市的家庭裏，用之最適宜。然而在初用的時候，略嫌着火比較難。假使稍稍養成習慣，那末也就容易了，

十　廚房什物使用法

廚房裏所用的什物，因爲每日常用的，必須求其便利而適於衞生。然而不可不求其堅固耐用。假使靈便而容易於破壞的，仍舊不適合於每

日的用途。現在種種便利的什物，固然有發明的，然而趨於靈便，或有比較薄弱，不能經久的；幷且其用途或者是專屬而不利融通。凡是像茶盞這一種什物，既可以當碗用，還可以爲杓的代用品，以及升（量器）的代用品，這就是所謂便利了。大凡廚房裏的什物，構造必須求簡單而堅固；而還可以隨意利用，方纔適合於家庭日用什物。假使在一日之中，祇不過在一時間的用處，其餘十幾時間，有嫌其贅而非必要的，這種什物，無須購買。還有初買的時候，認爲是必要的，後來因爲與別的什物，不相配合而不珍重的，是亦不適合於實用。

A　鐵鍋選用法

鐵製造的鍋子，有用鐵鑄成的，有鐵板由機器或人工打成的，這就是鑄鐵鍋與煅鐵鍋的由來的分別。假使就鐵的性質來說，不過含有炭素多少的區別•，然而就燒菜來說，是用鑄鐵鍋的滋味比較好•，反轉來再就燒菜的工夫來說，那末是煆鐵鍋燒的時間短而快熟。　大凡鐵鍋取其堅牢的，那末轉輾使用可以經過幾十年而不壞•，然而物件堅牢的，其質料必定厚，燒菜非多費時間不可。並且因爲歷時旣久，在每天的磨擦的損失也大。　因此鐵鍋的揀選，應該注意其燒菜，飯的早熟與遲熟•，以能夠省燃料的算好，不應當求其能作爲長久的用處。　新鍋的鐵氣，在燒過之後，就可稍減。但是鐵氣厲害的，所燒的菜，飯往往會變黑。在新鍋買來的時候，應當先用糠燒半天，大概的鐵氣，可以除去。

B　銅鍋選用法

銅本來是熱的良導體。銅鍋的做成，又比鐵鍋薄，所以用來燒菜，可以節省燃料。從這一點看起來，彷彿很覺可貴•，然從另一方面來說，銅有時要發生銅綠。銅綠是醋酸與銅化合成的醋酸銅，或者是炭酸和銅化合而成炭酸銅。但是這些都是有毒的物質，不可以不注意。 要預防銅綠的發生，在銅鍋的裏面，必須塗上白鑞。（就是銲錫）。白鑞是鉛和錫的混合金屬；通常用錫九十分，鉛十分配合而成。 銅既塗有白鑞，那末，醋酸以及炭酸，不能直接侵襲到銅的本質。這樣不但鍋體可以保持堅牢，食品也可以安全而沒有妨礙。所以在揀買銅鍋的時候，以所塗的白鑞十分完全的爲最好。

C 琺瑯鍋選用法

琺瑯鍋所用的琺瑯、常常含有鉛質：但是鉛質有毒，所以琺瑯鍋以不用鉛玻璃製造，而用石灰玻璃製造的最好。但是鉛玻璃的用處，比之石灰玻璃與鍋的鐵質，容易於黏着，并且製造品又比較美觀。因此，製造的人，常常私用這種有毒的鉛玻璃做的。各國警察法，因爲有這種緣故，都設有禁止的規定，並且是嚴重的取締。然而我們對於這種含鉛的物質，也應當研究其發見的方法。　方法用稀醋酸溶液（四%）一杯，放在琺瑯鍋裏，大約燒一小時，等其溶液燒濃，祇存原量的一半，通以硫化輕而觀察之。假使這琺瑯鍋的原質，是用鉛玻璃製成的，就可以看見黑色的沈澱；這就是含鉛的證據。　凡是醋也含有溶鉛的作用，所以不明白琺瑯鍋的本質者，注入醋來燒，其所呈現的反應也相同的。　再者琺瑯用得不得法，其琺瑯質就容易剝落。這是因爲琺瑯質與鍋的鐵質，得熱而兩者中間膨脹的程度不同，所以互相分離。

D　釜的選用法

釜有紫銅釜，黃銅釜，鐵釜，土釜等許多種類。紫銅釜與黃銅釜的

底薄，雖然可以稍省柴炭，但是有銅綠和其他有毒的物質發生，在使用的時候，不可不十分注意，

土釜容易吸水，然而飯的味道比較好，不過容易破壞。還有用得長久而舊的，飯味往往變惡，在夏天格外容易發餿。

各種釜的中間，以鐵釜爲最良好，鐵釜的上口，有直口轉口兩種。轉口的在鑄出後用鎈磨光，用時候格外便利。

釜的口徑，雖然大小不一，然而供給燒飯的用處，同樣容積的釜子，以口徑小的爲佳。釜的蓋，應當揀選其厚而重的。因爲蓋重，那末適合於高溫度燒的飯，味甘美而且腐敗比較遲。還有當飯燒到極沸騰的時候，勿使濃厚的飯汁流出，那末這飯的滋味可以完全含在飯裏。

E 鐵釜的除鐵臭法

新買來的鐵釜，大抵有一種鐵臭，如果要除去，必須先燒沸熱水洗

滌，然後再用冷水洗滌幾次，用乾抹布揩乾，伏放着，那末這鐵臭就可以免除。　其有鐵銹的斑跡的，當先用磚磨去，再用豆渣細擦釜裏，依照上面方法洗滌之。　還有用豆渣，糖，蕎麥粉等，放在釜裏燒，可以消除鐵臭。　或者用甘藷，馬鈴薯等，也有效力。　或者用赤砂糖一二斤，放在釜裏，反復攪炒，或者用栗實，柿皮，枇杷葉等，在釜裏炒之，也都有除臭的效用。　假使經過以上方法而臭還不能除去的，那末再加入熱水，燒開四五次，細細洗滌，揩乾，伏放着，必定能除臭。　鐵臭應該特別注意而要消除的，不可以使鹽氣進釜子裏。有鹽氣則鐵臭雖然除去，却能夠再引出來。洗釜的時候，用熱水燒洗後揩淨，勿留多餘的污垢。還有常常用這鐵釜，那末，也沒有鐵臭的弊病。　還有鐵罐等的除鐵臭法，也可依照上面方法施行。　再有湯罐裏常附有白垢一層，這是硬水裏的炭酸石灰以及硫酸石灰所成。但是有湯垢，那末就沒有鐵臭．平日留心試驗，是很有效驗的。

F　飯桶選用法

飯桶所用的木材，上等的是用花柏的赤心做成的；次等的用花柏的白皮做成的。再次等的是用杉木做成的。然而普通所用，是以杉木做的居多數。用花柏的赤心者。外飾以銅箍亦很美觀；用來盛飯，味好而不容易很快地腐敗。然而買新做的桶，常常是松柏等植物；裏面含有一種揮發油，其性質芳香，用來盛飯，雖然沒有惡臭，然而飯的香味失去；並且當飯冷之後，則有一股香氣，觸鼻而來，以致損害食味。因此這種香氣，必須設法消除。方法：用燈芯放在新桶裏，冲下熱水；那末裏面的松節油溶解出來。待水冷後，其油分凝集而浮遊，被燈芯所吸取去。

另一方法：倒進燒的醋，蓋好。大約經過半天時間。或者用豆漉加水燒，乘其熱的時候，倒進蓋上，大約經半天以上，那末，這些香氣都可以辟除。或者在桶的裏外髹上油漆，等乾而後用既可使其香不向外透，而且又很美觀，是家庭裏所應該常用的。

G　湯鍋選用法

湯鍋，有紫銅，黃銅做的：雖然外觀美而沸度速，然而非完全塗以白鑞，則不可以用。還有像燒水壺等，也有很多用紫銅，黃銅做的：但是總及不到鐵做的好。凡是鐵做的卽使有鐵銹，鐵臭、對於身體毫不受到它的損害。如果是紫銅，黃銅做的，那末銅綠銅臭，都含有毒的質，是極可憂慮的事。並且鐵分在吾人的身體上，是屬於有益的。但是，鐵的傳熱，比較銅遲，不免多費柴炭，這是沒有辦法的事。

H　鑪子的選用法

鑪子：有泥做的、石做的，金屬做的。以堅固來說，要算石做的最牢。但是石做的，其質量既重，還有不便搬動的缺點。　金屬做的，堅牢次，而輕便則遠過石做的。但是不能十分發火，這是它的缺點。　泥做的，既輕便又發火：燒飯菜也迅速而便利：但是不及金屬和石做的耐用。初用的時候，倘若碰到猛烈的火，就生罅裂而破壞，這是它的弊病。　大凡爐子以容易於發火，而通風口的裝置完全者爲適宜。假使發火不良的，非特燒東西不適當，而且因通風口的不完全，火力不能隨意加減，就是柴炭也多費耗。　還有爐子隨所用的燃料而不同其構造。譬如：用煤做燃料的，叫做煤氣爐子：用焦煤做燃料的，叫做焦煤爐子：用煤油做燃料的，叫做煤油爐子。近來還有電氣爐子的發明，是用電的熱力，來代替燃料；靈便清潔，是別種所不及。然而這種爐子，必須要看土地的狀況以及用途，而選擇其合宜的。

I　灶的選用法

灶有泥造，磚造，銅造，鐵造種種的分別。泥造的，就是普通叫做黃泥灶；其狀像缸，用黏土摶埴成坯，等乾後就用的，最是粗陋。還有一種叫行灶，是泥坯放在窰裏燒成的。在船裏或旅行用之，可以取其省便，但是不能耐用。磚灶，用泥磚築成的。其製法不一；有火門在前的，燃料用煤；還有火門在後的，燃料用柴。而一般家庭以用柴的爲多；近來有做西洋式灶用煤的，其着火以及退火，都很費事，這是缺點。金屬做成的，不論那一種都適宜。從美觀上說，要推銅做的；從堅牢耐用上說，要算鑄鐵做的爲最合宜。近來用鑄鐵做的，有儉柴灶，改良灶種種的名稱。其形不大，而釜，鍋，湯壺這一類東西，都齊備的。放置在廚房裏，不占什麼地位，很值得採用。但是釜，鍋等都是銅做，在衛生方面，是不十分適宜。

書名：食譜大全
系列：心一堂•飲食文化經典文庫
原著：【民國】許嘯天、高劍華
主編•責任編輯：陳劍聰

出版：心一堂有限公司
地址/門市：香港九龍尖沙咀東麼地道六十三號好時中心LG六十一室
電話號碼：+852-6715-0840　+852-3466-1112
網址：www.sunyata.cc　publish.sunyata.cc
電郵：sunyatabook@gmail.com
心一堂 讀者論壇：　http://bbs.sunyata.cc
網上書店：　　　　http://book.sunyata.cc

香港及海外發行：香港聯合書刊物流有限公司
地址：香港新界大埔汀麗路三十六號中華商務印刷大廈三樓
電話號碼：+852-2150-2100
傳真號碼：+852-2407-3062
電郵：info@suplogistics.com.hk

台灣發行：秀威資訊科技股份有限公司
地址：台灣台北市內湖區瑞光路七十六巷六十五號一樓
電話號碼：+886-2-2796-3638
傳真號碼：+886-2-2796-1377
網絡書店：www.bodbooks.com.tw
台灣讀者服務中心：國家書店
地址：台灣台北市中山區松江路二〇九號一樓
電話號碼：+886-2-2518-0207
傳真號碼：+886-2-2518-0778
網絡網址：http://www.govbooks.com.tw/

中國大陸發行•零售：心一堂
深圳地址：中國深圳羅湖立新路六號東門博雅負一層零零八號
電話號碼：+86-755-8222-4934
北京流通處：中國北京東城區雍和宮大街四十號
心一店淘寶網：http://sunyatacc.taobao.com/

版次：二零一五年一月初版，平裝

	港幣	九十八元正
定價：	人民幣	九十八元正
	新台幣	三百九十八元正

國際書號 ISBN 978-988-8316-13-7